和狗狗
一起玩嗅聞！

善用狗狗的神奇嗅覺，
打開人犬相處的全新宇宙！

安娜莉・克梵 Anne Lill Kvan——著
黃薇菁 Vicki Huang——譯

A DOG'S FABULOUS
SENSE of SMELL

Step by Step Treat Search Tracking

給芬特（Fant）
我的小戰士

作者與芬特一起在辦公室工作

目錄

【導讀】

當狗沒有機會當狗，行為及健康問題將會浮現！

Vicki 黃薇菁

二十多年前，我開始從事訓練師工作，當時的飼主常說：

「怎麼教我的狗不亂聞？」

「我家狗每次都愛聞別隻狗的尿，聞半天，拉都拉不走！」

「我不要我家寶貝在地上走，腳和毛都會弄髒髒。」

時至今日，不少飼主還是會說相同的話，倒也不足為奇，畢竟人和狗的本性都很難改變（笑）。

然而，在這長久的時間裡，養狗的觀念和方法已經起了很大變化。

過去的人犬關係強調由人強勢主導。面對狗狗問題總是以飼主為重，著眼於消除飼主眼中的「不良」行為或不喜見的行為。因此針對上述飼主困擾，可能會藉由訓練，來讓狗狗散步時把頭抬高高、跟在人的身旁，或者聽從口令遠離電線桿或其他狗的尿；或者透過一些限制做法，讓狗狗低不了頭去聞，一輩子不落地（常見於小型犬），於是狗狗從來沒有聞過草地的氣味。

當時的飼主和訓練師常覺得問題「已解決」，殊不知，當狗狗沒有機會當狗，許多看來不相干的行爲及健康問題便會慢慢浮現。

二十多年間，隨著「獎勵式訓練」愈發普及，人們愈來愈了解到，若想有良好訓練成效或徹底解決行爲問題，單純關注狗狗的行爲是不夠的，還必須多加了解狗狗的肢體語言、生理及健康狀態、生理和行爲之間的關係，多管齊下才能事半功倍。當我們了解更多，就更能理解狗狗這個物種，於是現今的人犬關係裡，我們許多人願意學習如何協調人犬所需，不再一味要求狗狗完全配合人類的無理要求。

作者安娜莉老師的第一章結語說得好，基本上狗狗是被我們囚於家中，無法自己決定如何生活，我們就該負責維護牠們的福祉，要多問問自己：「狗狗做了什麼令我們開心？而我們又做了什麼令牠開心？」

幸運的是，關於狗狗生理及行爲的科學知識日新月異，諸多研究的綜合發現告訴我們，簡言之，維護狗狗的福祉亦即滿足牠的基本需求，如此一來狗狗將有健康的身心，成爲性情平和、穩定的同伴家人，不太可能出現惱人行爲或亮起健康紅燈。

所謂的基本需求包括：充足的睡眠、豐富多樣的食物種類及質地、得以運用所有感官進行覓食及攝食、能夠依自己的步調探索環境以滿足好奇心、從事激盪腦力的心智活動，以及能夠自主做選擇等等。

讓狗狗能夠發揮天生好鼻的嗅聞活動，恰恰滿足多數的狗狗基本需求，可謂一舉數得。

我第一次接觸的嗅聞活動是源自美國的 K9 Nosework，這項狗狗嗅覺競速運動現今已在歐美蔚爲風潮。初階 K9 嗅聞活動裡，狗狗學習善用鼻子，飼主則培養觀察力，學習看懂狗狗的肢體語言，知道狗狗何時該休息、何時可持續嘗試。更重要的，飼主必須學習克制想要引導狗狗搜尋的欲望，避免成爲妨礙狗狗的豬隊友。有意思的是，雖然狗狗天生擁有優異嗅覺，倘使嗅聞技巧未經琢磨，即使花很多時間努力也不見得找得到氣味所在，不過經過悉心安排練習，狗狗通常進步神速。進階Ｋ９嗅聞活動裡，則由人犬團隊一起在四種特定情境裡搜尋特定氣味，爾後在比賽中則以完成搜尋的時間一較高下。由於這個活動相當緊張刺激，有些狗狗變得興奮異常，難以克制，飼主也可能因得失心過重而爲難狗狗，喪失活動美意。

然而，令我大開眼界的是，狗狗參與嗅聞活動前後的改變：

原本無一刻停歇的躁動狗狗變得冷靜專注。

原本什麼東西都怕的小型犬變得勇往直前。

原本什麼都不想做的狗狗變得積極主動。

原本對陌生人退避三舍的狗狗變得能夠接受他們在跟前。

這些原本的「問題」都在沒有直接處理之下獲得改善，顯見嗅聞活動的「副作用」相當有益身心。

後來進修ＩＤＴＥ訓練師課程時，有幾堂安娜莉老師的嗅聞課，學習到截然不同於Ｋ９的嗅聞活動，煞是有趣！對我而言，不同系統的嗅聞活動存在殊途同歸的基本概念，儘管做法南轅北轍，透過任何嗅聞活動都能獲得諸多益處，人犬合作也建立起更加緊密穩定的信任關係。可惜廣大的飼主對於好處多多的嗅聞活動全無概念，也無從獲得資訊。

如今有了安娜莉老師的中文版嗅聞書眞是大好消息！感謝橡樹林文化在我推薦這本書之後迅速進入簽約出版的程序，今後飼主將可以依著書中步驟，和狗狗一起學習玩嗅聞。想要輕鬆玩的話，可以搜尋零食或玩具；想要認眞一點也可選擇追蹤尋人。假以時日，說不定你家愛犬就是嗅聞犬界的明日之星！

安娜莉老師在書中，開宗明義即說明全書的理念：以尊重狗狗的方式，讓狗狗獲得更多運用天賦的機會，運用獎勵讓牠們自己選擇出現行爲，過程中不需要運用任何負面事物，以免增加狗狗壓力而妨礙牠們發揮長才。

然後，老師說明人們事前應該具備的知識，爲接續章節裡的十種不同嗅聞活動拉開序幕。每一個章節的嗅聞活動都先告知讀者大致的階段性概念，然後介紹每一階段的細節做法，由易入難，並且提供難免出錯時如何應對的建議；也少不了避免問題的訣竅，老師完全不吝分享多年的經驗；而最後一章的拾回主題，對於許多無法教導狗狗拾回的苦惱飼主將是一線暮光。

我認爲本書最棒的是，即使完全沒有概念的飼主也能夠依照書中步驟進行嗅聞活動，不需要擔心成敗，沒做好重來也無妨，畢竟玩嗅聞的目的是讓狗狗獲得好的身心刺激，過程比結果重要。所以放下執念，陪狗狗多玩玩嗅聞吧！

誌謝

我有很多想要感謝的人和狗狗！

以前的我會坐在小小的家庭辦公室裡，我的超棒柴犬芬特在身旁的沙發上睡覺（芬特在挪威語中是流浪漢的意思）。我們早上與牠最要好的朋友米格魯犬凱莎（Kaisa）散完步回來，散步時我們加碼在花園裡做了些零食搜尋。接著牠會好好睡一覺，爲了下一回合的趣味活動充電。牠漫長的狗生中曾有過許多搜尋經驗，並且以牠的柴犬眞實本色予我挑戰。訓練柴犬的過程與訓練德國牧羊犬、比利時牧羊犬或標準貴賓犬不同，本書中一些重新撰寫的章節多半要感謝芬特的指導，因此我要感謝芬特，在超過十四年的歲月裡作爲我忠實的朋友暨相處愉快的導師，耐心又霸道地指引我。牠剛離開我，滿載著最美好的回憶。

感謝兩位名爲吐蕊的女士，她們對於本書的出版至爲重要。

吐蕊．魯格斯（Turid Rugaas）自一九九五年起，就是我在「訓犬師學校」（Dog

Trainer School）的老師、導師及朋友。她對我的支持從不間斷，並向我介紹世界各地狗狗及飼主的生活方式，她是本書之所以存在的主要推手。

吐蕊．迪維西桑迪（Turid Dyvesveen Sunde）以許多不同方式支持、協助並激勵我，最後，她說服我更新本書內容，創造出這個全新的版本。

我摯愛的馬里歐．弗蘭多利（Mario Flandoli）幫我拍片及攝影，在我夙夜匪懈忙於寫作的期間爲我準備午餐，對我保持耐性並提供協助。

我也感謝曾經與我共同生活的狗狗，每隻都幫我上了一課：

莉塔（Lita）是我幼時養的小小澳洲梗（Australian Terrier），牠打開我的眼界，看見處罰完全是錯誤的做法。

伊娜（Ina）是古代長鬚牧羊犬（Bearded Collie），我以犬展資金買下牠。牠陪伴我從犬展到服從比賽，再到了我的第一次氣味追蹤，開展了我與狗狗相處的全新宇宙。

德漢姆（Dirham）是帥氣的比利時牧羊犬（Tervueren），牠是我的訓練夥伴，成爲了搜救犬，卻太早走完狗生。

楚奧爾（Troll）是標準貴賓犬，牠總是隨時準備好玩耍，不斷測試我的耐性，例如，牠會選擇去追蝴蝶而不追蹤氣味。

葛蘭西（Glenshee）是我家漂亮的蘇格蘭獵鹿犬（Scottish Deerhound），牠讓我看到敏銳度、責任感及捍衛行爲的眞正重要性，他天生就完全具備這些特質。

伊妮（Ynnie）是德國牧羊犬，是來自莫三比克和安哥拉的地雷清除老將，完成安哥拉任務後，她隨我回家，是犬中之后。

莉亞（Lea）是德國牧羊犬（東德品系），牠熱愛生命，也喜愛合作、氣味追蹤及各式各樣的搜尋遊戲，但太早就離開人世。

最後，我要大大感謝所有上過我的課，與我分享時間及所知的人，他們貢獻良多：挑戰、協助、支持、提示、人脈、講演及示範。對我來說，這些都是眞正的禮物和財富。感謝你們每個人，讓我實現所謂的「終身學習」。

寫於二〇二一年二月，於挪威的斯文（Svene）蘭貝格鎮（Ramberg）

前言

過去幾年中，世界各地的人們給予我首本著作《狗狗的氣味王國》（*The Canine Kingdom of Scent*）的迴響讓我引以爲傲。該書介紹的搜尋遊戲概念大受歡迎，我因而透過DVD、講座及課程接觸到更廣大的群眾。經年累月下來，我的課程隨著我學習到的新知識及想法持續更新及修正，這對我而言是很值得的過程，過去是如此，現在也依然。無論學生有兩隻腳或四隻腳，體型大或小，年輕或年長，他們都以自己的方式提供

不知道在這裡能不能找到零食？這隻藏獒（Tibetan Mastiff）享受著不間斷的嗅聞時光。

我寶貴的回饋，這本新書即反映相同的更新過程。

我對搜尋遊戲的興趣來自訓練自家狗狗搜尋的多年歲月，爾後到非洲安哥拉訓練掃雷犬，最後到世界各地授課。我依據訓練自家狗狗的經驗，教授各種狗狗搜尋遊戲的簡單步驟，從在客廳裡藏玩具開始，然後到追蹤走失的人們或動物，最後是氣味辨識。我教過的學生當中，有經驗各不相同的普通飼主，他們想要運用搜尋遊戲學習新的訓練技巧，有的是專業訓犬師或搜救人員。書中每一章節的搜尋遊戲都會以循序漸進的方式介紹所使用的技巧。

我所有的犬隻相關工作（包括本書所述內容）都有相同目標：讓每隻狗狗每一天都有更多機會運用鼻子及感官，做些好玩或有用、同時帶來身心刺激的事情。

專注於狗狗的自然語言及行爲

在我與狗狗一起工作的過程中，一個貫穿的主題就是我對狗這個物種和個體的熱愛，以及對牠們的需求和天生語言及行爲的尊重。事實上，與其說我與狗狗一起工作，我較喜歡想成是與狗狗合作。我們似乎易於執著獲得成果及答案，然而實際上我們更應關切的是，如何往前走和即將面臨的問題。

我們許多人在孩童時期，會對狗狗做出的事情和原因產生敬畏和好奇心，現在呢？使我重拾好奇心態的並不是狗狗，而是奇哥（Chico），牠是我在安哥拉養的一隻年幼小長尾猴（Vervet Monkey）。不幸的是，當時非洲的一些地區會在射殺幼猴母親後把牠們賣爲寵物，也許現在仍時常發生。幼猴緊抓母親屍體的景象依然縈繞著我的心頭，揮之不去，因此我覺得我的小奇哥受到相當的創傷，爲了能夠訓練牠做些什麼，我需要研究牠的行爲才能了解牠的好惡，什麼會使牠出現不同反應？與牠同住兩週後，第一個也是最大的考驗在這天到來：我解掉牠的

安娜莉和奇哥

牽繩，這隻幼猴像個疾速飛馳的小毛球，奔向極高的油加利樹樹頂消失無蹤，當我能夠恢復正常呼吸之後馬上執行我的計畫。我訓練過將牠招回，這便是測試之時，我喊出：「奇哥，來！」牠從樹頂迅速發出牠的小小尖叫聲回應，然後急忙爬下樹，跳回來拿牠的草莓。我之前就得知草莓對牠有獎勵的效果，牠也知道我會獎勵牠的行爲。

獎勵喜見行爲（desired behaviors）

本書描述的訓練方法完全沒有運用體罰、威脅和滋生不快感受的事物。我比較喜歡把訓練設計成讓狗狗自己選擇表現出喜見行爲，接下來的挑戰就是確保狗狗獲得充足的報酬，以提高牠未來再次出現該行爲的可能性，我有時候喜歡稱這種互動爲「合作」，而不是「訓練」。

訓犬時可能狀況百出，需要有好的應急措施，因而需要有觀察狗狗的能力，無論你遇上哪隻狗都能找到所需的調整方式，才能鼓勵牠表現出你想見到的行爲。因此，你可能會發現我在書中提供的「步驟方法」需要由你做出自己的小調整。也許你的狗會向你展示截然不同的做法，這對你和牠都可能是豐富身心的刺激。也許你得知自己的狗狗完全不喜歡其中某個遊戲，如果是這樣就別玩了，試試其他章節裡的遊戲。與其心癢難耐地想要出手幫忙狗狗解決任務，建議你考慮給牠一個全新任務，把難度稍微調低一點。

你可能會發現，在書上或找個特定本子作筆記很有用處，記下自己做了什麼，成效如何。

各章的步驟方法自成一章，獨立於其他章節。但氣味追蹤章節例外，它需要接續在薄餅追蹤章節之後才能進行。

楚奧爾是我寫這本書時陪伴在我身邊的一隻很棒的標準貴賓犬，牠如今已不在。不過，我仍選擇讓牠留在我認爲很適合牠出現的書頁裡，而且牠也算是這些文字的共同作者。

我十分希望你和你的狗狗在我的書中找到無限的樂趣和幫助，祈望你們共同度過許多美好的嗅聞時光。

1
感官王國

你上一次聞到水的氣味是何時？

我的狗楚奧爾可以從很遠的地方聞到水，生活在沙漠之類乾旱地區的狗狗也做得到，否則牠們就無法在那裡活下去。此外，楚奧爾還能聽到水聲，尤其是輕快誘人的潺潺溪流或瀑布，我也聽得到瀑布聲，但能聽到的距離完全比不上牠。

相反地，楚奧爾無法看見一段距離外站著不動的人，但我可以。這就是爲什麼一個人只要站在樹旁或幾棵樹之間，保持完全不動就可以輕易躲開牠。不過只要這個人一有動作，楚奧爾就看得到這個人的位置。有一天楚奧爾邊看著窗外邊吠叫，我們沒有人看得出外頭有何可疑之處，但牠持續叫著，我們最後終於看到原因：一百多公尺外的山坡上有一群鹿在林間移動，若不是牠們有白尾，我們兩腳人類永遠也不可能看見牠們。

我們所有和狗狗一起生活的人都曾注意到，狗狗的感官在許多方面都超越我們。你是否意識到你家狗狗有不同感官？你眞的知道你家狗狗的視覺、嗅覺或聽覺有多好嗎？你想過牠遇到不同情況時其實會優先調度不同的感官嗎？

就像我們一樣，狗狗看得見、聞得到、聽得到、嚐得出來，也感覺得到，但牠們也有平衡感。此外，牠們就像你我，感覺得到肌肉和關節的狀態及移動〔肌肉運動知覺（kinesthetic sense）〕，五臟六腑也有感覺，這兩種感知會向大腦呈報狀態。當狗狗看來情緒不佳，有可能是其中一種感覺向上呈報有些事情不太對勁。當狗狗狀況不佳，要特別留意牠們可能表現的微妙徵兆：可惜的是，這些微妙的徵兆多數會被我們忽視。

我們對於狗狗如何感知世界的知識不斷在改變，每年都有新研究

我的芬特聞得到水。現在牠年紀大了，視覺和聽覺都已退化，變得更常嗅聞。

發表。一九七〇年代時，我學習到狗狗只看得見黑白兩色，現在我們知道牠們看得到彩色，雖然牠們眼中的彩虹不盡然與你我所見相同。近期研究證明，狗狗聞得到或感知得到熱度（Morell, 2020），牠們能夠運用鼻子偵測到比週遭環境溫度高的東西，而且攝氏三十一度（華氏九十二度）是極限。你們許多人可能知道鳥類會利用磁場找路，科學家發現狗狗同樣能感知到電磁場（electromagnetism），可能也可以利用這個感知能力找路。奇特的是，狗狗較喜歡面朝著北方或南方上廁所，牠們可以簡單地看出哪個方向是北方。狗狗看得到電磁場是因為牠們的眼睛裡有一種分子，是所謂的隱花色素（cryptochrome）；此外，許多人宣稱能夠與狗狗進行心電感應式的溝通。我們生活的世界眞的非常豐富多彩。

利用強大的感官進行搜尋

本書中，我將描述一些遊戲和練習，首要原則就是讓狗狗運用自己的絕佳嗅覺進行這些活動。但我們不應忽略其他感官的存在，若狗狗覺得它們有用的話，就可能會啓用這些感官。

近兩百年來，狗狗一直被用於搜尋雪崩罹難者，世界上第一隻雪崩搜救犬可能是「貝瑞」（Barry，西元一八〇〇至一八一四年），這隻聖伯納犬（Saint Bernard）在瑞士和義大利的阿爾卑斯山上的大聖伯納德旅舍（Great St. Bernard Hospice）工作。

利用狗狗尋人的做法甚至可能開始得更早，除了搜救人們以外，受訓狗狗曾用來尋找監獄逃犯，甚至用於尋人後殺害他們，哥倫布就曾用狗狗追蹤印第安人並殺死他們。狗狗找得到地雷，你也可能聽說過歐洲的豬和狗狗用於尋找松露，較近期的則是狗狗參與診斷癌症，讓牠們嗅聞病人後指出癌細胞的位置，或者可能讓牠們嗅聞組織或尿液之類的樣本。我有位加拿大的學生分享說，在兩千至四千年前的中東地區，在有祭司、診療犬和外科醫師的療癒聖殿中，就有這種診斷方法。在狗指出病人身上的病灶之前，不會進行任何手術。現今，人們正在訓練狗來檢測新冠病毒。

我認識許多人教會自己的狗尋找雞油菌菇（chanterelles），或是回溯散步路徑尋找媽媽丟失的車鑰匙，許多狗狗也學會從一堆錢包裡找出飼主的錢包或其他個人物品。

有一天，一位失明的女士經過我家，她告訴我她前一隻導盲犬的故事，說牠似乎偶爾會阻止她離開沙發。幾次之後，這個行爲似乎只發生於她即將出現糖尿病性癲癇之際。她致電導盲犬學校詢問他們如何訓練出這個行爲，卻發現他們完全不明白她在講什麼，她的狗狗自己學會了怎麼做。關於狗狗的能力有許多類似卻又完全不同的例子，我

香腸樹！它是零食搜尋的變化版本。這隻幼犬聞到不斷滴下肉汁至地面的熱狗，找到樹叢裡的熱狗讓牠極為歡愉。

的經驗是，我們能夠運用狗狗嗅覺的範疇依然受限於人類腦子想得到的事。

我們人類需要爲我們的狗狗著想，不要過度利用牠們。無論你是否願意這樣想，狗狗被我們囚禁是事實，而我們有責任維護牠們的福祉，包括每天給牠們適當且有趣的刺激。但是我們也應學習了解，對每隻狗來說，什麼是足夠或過度？不幸的是，我們太容易忽略狗狗表露的徵兆。要不斷地問自己：你的狗做了什麼事來讓你開心？你又做了什麼來讓牠開心呢？

2

善加利用狗狗感官和天生行爲

當我們想和狗狗合作得更好，審慎思考狗狗從牠們的祖先傳承了哪些本能和行爲，可能很有幫助。狗狗和狼有共同祖先，野生犬科動物最關切的事是一樣的：如何存活，因此牠會想方設法儘可能取得多一點的食物資源，同時儘可能減少取得食物必須耗費的能量。

雖然狗狗的嗅覺發展極爲完善，但牠們找尋食物時很少選擇嗅覺作爲首要工具。日本大學的調查（Nihon University, Fukusawa 2017）確認了這一點，「最便宜/不費力」的食物會是最近的，也就是在視線範圍內的食物；當眼前看不到能吃的東西，狗狗將聆聽是否有可能作爲獵物的對象，只有當這兩個感官都無法讓牠飽餐一頓，牠才會用上嗅覺。此時首先會嗅聞吹來的風是否帶來任何資訊，唯有所有前述嘗試都沒有用時，作爲最後的選項，狗狗才會把鼻子貼地，開始嗅聞是否有任何獵物的氣味足跡。

從天性來看，我們不難想像狗狗（狼）能夠區分駝鹿、野兔、狐狸或其他狗（狼）的不同氣味足跡，牠可能會依動機選擇追蹤其中一條。如果牠肚子餓又形單影隻，牠最有可能選擇追蹤野兔的氣味足跡，如果牠肚子餓也有同伴，牠可能選擇追蹤駝鹿的氣味足跡。如果牠肚子飽飽又形單影隻，牠可能會尋找另一隻狗；如果牠肚子飽飽也很滿足，牠最有可能做的是克制自己，不追蹤任一氣味。

設計訓練計畫時要把這些謹記在心。如果你想要狗狗運用鼻子完成任務，你必須去除任何牠可運用視覺或聽覺完成任務的機會，也必須去除牠已吃飽的可能性。許多急切的愛狗人士有過狗狗因爲看到或聽到什麼而從任務分心的惱人經驗，有些飼主喜歡一直和狗狗說話、聊天，這可能就是使牠們分心的最大干擾。保持安靜，讓狗狗能夠專注地享受遊戲。

嗅覺：一些相關事實

- 狗狗一出生即可運用嗅覺，嗅覺透過大腦的情緒區域（邊緣系統）連接至大腦。狗狗鼻子裡有七千萬至兩億個嗅覺細胞，我們有五百萬至兩千萬個嗅覺細胞。
- 狗狗處理嗅覺資訊的腦部細胞比我們多四十倍。

視覺：一些相關事實

- 狗狗的視覺在出生後開始發展——牠們出生時眼皮緊閉。視覺性的印象由大腦的理性區域（大腦皮質）處理。
- 狗狗的視角有二百七十度，換句話說，牠看得到自己身後有什麼！另一方面來看，狗狗的深度知覺比我們差。
- 狗狗看得見我們看不出來的微妙動作，因為牠們每秒鐘看得到八十張快閃畫面，但我們只看得到六十張，而且牠們的暗處視覺比我們好；不過我們看得到更多顏色，雖然狗狗看得出來的藍色深淺漸層比我們多。

狗狗的嗅覺有多好？

南非米切姆專業除雷公司（Mechem® South Africa）引用的實驗室研究顯示，狗狗的鼻子能夠辨識出濃度極低的分子。我第一次聽說此事時完全不明白它的含義，告知我此事的科學家人很好，向我說明：受過訓練的狗狗能夠在五百公尺長、五十公尺寬、五十公分深的海灘上找出兩粒聞起來氣味不同的沙子，這非常驚人，不是嗎？

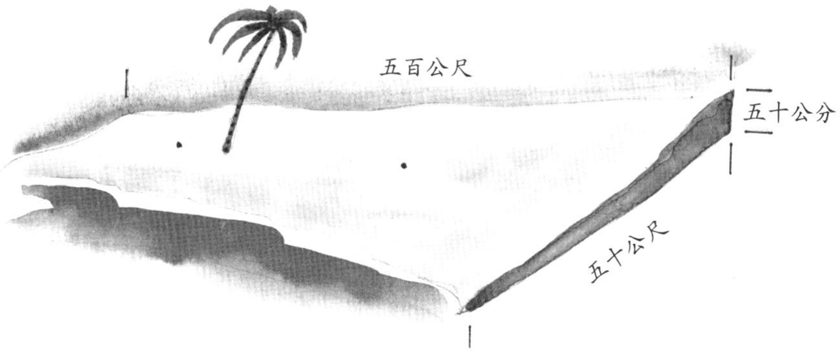

受過訓練的狗狗能夠在五百公尺長、五十公尺寬、五十公分深的海灘裡找到兩粒沙子！

我在安哥拉訓練的狗狗，能夠找到十年前或更早之前就埋於地底二十公分深處的地雷。一位南非的同儕告訴我，有一隻狗發現了埋在距離牠所在位置三十公尺外的地雷。

許多人曾至國外旅行，可能看過邊境和機場嗅聞行李的狗狗，牠們搜尋食物、爆裂物或毒品。最近我們聽說警方可運用「尋屍犬」確認某處是否曾經有過屍體。數十年來，德國和荷蘭的法庭都已接受讓狗狗嗅聞犯罪現場發現的物件再依此辨識出犯行者的法律效力。有些人可能記得奧地利的《最佳搭檔雷克斯》（Komissar Rex）警匪影集，裡頭的德國牧羊犬一路利用鼻子嗅出了殺人犯。狗狗只要經過一些訓練，完全能夠達成雷克斯的表現。

阿杜（Ado）發現一個反坦克地雷（anti-tank mine），所幸它沒有引爆裝置，只是用來訓練。

透過訓練掃雷犬的工作，我學習到「美滋」系統〔MEDDS®（日後發展爲 EVD 及 REST 系統）〕，它讓狗狗分析取自馬路、貨櫃或車輛的空氣樣本，看看是否存在地雷、爆裂物、毒品或象牙/犀牛角。很厲害不是嗎？過敏的人可以訓練自己的狗狗幫他

這隻狗正在檢查六個空氣樣本，這些樣本取自一段超過六百公尺長、疑似佈有地雷的馬路。這麼做簡單得近乎無聊，但是這當然比嗅聞馬路來得安全。

確認食物是否安全可食。

爲寵物犬提供嗅聞機會

不過，這一切和我們家裡的寵物犬有何關係？牠們有免費食物，沒必要努力或爲了尋找食物讓自己身處險境，而且出外散步時也總是聞東聞西，這樣還不夠嗎？顯然不夠。許多人分享公犬知道母犬何時發情的故事，如果母犬住在隔壁，這可以理解，但是許多時候發情的母犬住在距離很遠的地方。所以藍波（Rambo）晚上就坐在陽台嚎叫，還拒絕進食。

許多寵物犬有足夠的散步和運動，但是牠們天生的感官卻沒有獲得充足刺激，我們與狗狗進行的許多活動都包含速度、興奮、精準度及控制，卻很少有冷靜和專注。若把一些服從及敏捷的訓練換成一些精心挑選的搜尋遊戲，許多狗狗可能會成長得更好。允許狗狗散步時自由嗅聞還不夠好，我們需要在偶爾嗅聞及特定搜尋任務之間找到好的平衡。慢速散步時的自由嗅聞對狗狗的身心福祉是無價的，此外，身負使命並且實際設法完成任務帶來非常多的成就感，對狗狗或對我們來說都是很美好的感受。我們需要在平靜嗅聞散步、搜尋遊戲和其他感官刺激活動、肢體運動及休息之間取得好的平衡，每隻狗狗都不同，需求也各異。

許多參加過嗅聞遊戲課的學生向我呈報，透過讓狗狗運用嗅覺的訓練或遊戲，狗狗合作的情形有所改善，也強化了狗狗和飼主的關係。在許多個案裡，它的副作用導致其他方面（例如服從競賽）也獲得改善。這個現象也許可用「情境領導理論」（situational leadership）來闡明，簡言之，「情境領導」意謂在某情境之下，擁有該情境所需特質的一方，會在情境持續期間擔任領導者。

在水裡做零食搜尋會被水弄濕，但很好玩。使用凍乾或其他可浮於水面的食物。天熱時這麼玩是非常好的點子。不用擔心狗狗會停下來喝水。在沼澤區或濕草地上玩可能會更好。

這類管理結構是動態的，與誰在團體或組織中承擔全部責任和發揮領導作用無關。實際上，這種系統會刺激機構（群體）裡的每個個體有更好的表現和合作，也能承擔責任。

雖然人犬合作參與嗅聞活動顯然有好處，但我們應該爲狗狗創造使用鼻子的機會。運用狗狗嗅覺的唯一限制仍然在於我們自己的大腦：我們根本還無法擄獲這個絕佳工具的威力，於是無法看到所有可能的運用方式。

但是，我聽到你在問，那麼我的小貝拉呢？牠既不會去掃雷，也不會在國家邊境防守違禁品入境，那麼講這麼多和我們有什麼關係？嗯，如果你和貝拉照著一些書中練習去做，並且將之用在日常生活，你們可能會找到極大樂趣。本書中我建議了一些可能適合你和你家狗狗的遊戲，有些很簡單，可以在家裡、室內或花園裡訓練，有些則較爲複雜。我的用意是爲所有人提供點子，你在嘗試過一、兩個遊戲之後，可能會決定試試其他幾種遊戲。

3
開始之前需要知道的事

許多人相信，高品質訓練最重要的事是對狗狗有所要求。若能仔細檢視，你可能會意識到，首先需要考量的是身爲領犬者的我們該如何要求自己。

最重要的是想要開始的意願，接下來你需要相當有耐心，加上一點系統性的做法可能會很有幫助。訓練自己的狗狗是一種眞正的樂趣，但是它從來不是件簡單的事，請做好心理準備面對

這兩隻敏銳的狗狗（一大一小）都能夠玩搜尋遊戲，我們會協助遊戲進行，也會挑選適當的遊戲，依據每隻狗的速度、體型、年紀，以及最重要的：你的狗狗喜歡什麼。

進度停滯或退步，至少有時就是會出現這些情況。

有了開始的意願和決心，你可以在本書中找到適合各類狗狗的遊戲，包括愛動的狗狗、慣常不太動的狗狗、老犬、病犬、無法走久的狗狗等等，我描述的訓練方法完全不會造成疼痛、不適或威脅：換言之，完全無害又很好用。

只要你的狗狗很健康，沒有可能妨礙牠行動的傷勢，你幾乎可以訓練牠做任何事情。不是每隻狗都能有出類拔萃的冠軍表現，但是每一隻狗狗都能夠樣樣學一點。你需要依據自己狗狗的犬種或類別、個性、體型、年紀、身心健康狀態及體力，調整對牠的期許和要求。

開始訓練時，你必須要有：

- 一些耐心，系統化進行的概念：至少有些遊戲會需要。也要有足夠的動機才能和狗狗同樂，並且完成你的目標。
- 一隻狗狗。

- 了解你的狗：知道要怎麼做才會有最好的學習效果，什麼能讓牠開心？牠的活動能力是否受限於健康或身體狀況等等。
- 零食：超級美味的零食。
- 一些狗狗愛玩的玩具。
- 胸背帶。
- 一條短牽繩（三公尺長）和一條長牽繩（七至十二公尺），有些遊戲會用到。
- 可用於氣味辨識的搜尋物件（詳情請見第十三章）。

駝鹿獵人告訴過我，如果年輕挪威獵麋犬（Elkhound）第一次打獵是抓到母駝鹿，日後一輩子會較喜歡獵捕母駝鹿，而不是公駝鹿或幼駝鹿；反之，如果第一次的獵物是公駝鹿或幼駝鹿，這種狗就比較會選擇牠們作為獵物。

狗狗如何學習？

在開始訓練之前，你必須對於狗狗如何學習新行爲，以及改變不喜見行爲的方式有基本了解。如果你已經熟悉學習理論，你可以略過這部分不讀，不過我建議你還是讀下去，看看它和嗅聞活動有何關連。

聯想（Association）

狗狗是透過聯想來學習的。也就是說，牠們會把一件事和另一件事聯繫起來。人類也會聯想。當我看到旅遊手冊，我會馬上做起白日夢，想到以前度假的事或計畫如何度假；看到有人拿起車鑰匙，就會假設他們即將離開。狗狗也會以同樣的方式聯想，許多

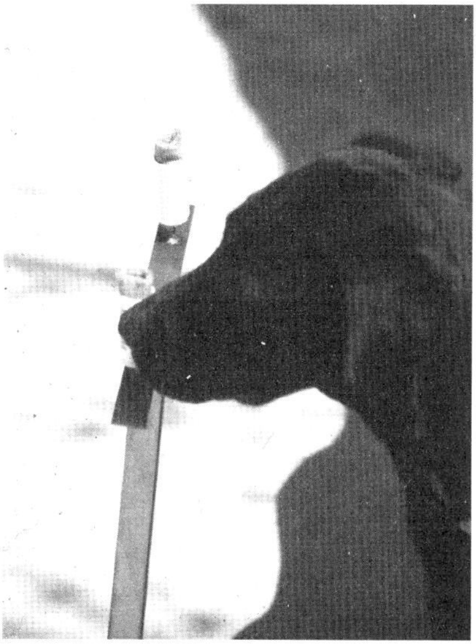

這隻狗已經習得炸藥氣味與美味食物獎勵的關連性，因此從牠的觀點來看，牠不是在搜尋地雷，而是在尋找牠的獎勵。

狗狗明白你的上班外套不同於休閒外套，你的狗狗已經學習到每當你挑出某件特定外套，就和帶牠出門散步有關連性。很多狗狗在我們沒有刻意教導之下學會了某些詞的意思，典型的例子是「散步」和「食物」。教狗狗新把戲時，我會留意自己何時給予口頭訊號（即我用來請狗狗出現行爲的話語），例如「揮手」（舉起一隻前腳）一詞，我手裡握著零食，放在狗狗的鼻頭前方，剛好讓牠碰不著，一旦狗狗的前腳稍稍細微地動了一點點，我就會給牠零食吃，重複幾次後，牠將會把「零食在面前」與「舉起前腳」聯繫起來；重複多次後，在你相信牠會舉起前腳時，這才開始說出口頭訊號，或者說幫這個遊戲取個名字。

在我的訓練裡，只讓狗狗建立正面的聯想是非常重要的，我希望我的狗狗是因爲牠喜歡與我共事才這麼做，我從不使用暴力或所謂的處罰。然而，如果狗狗沒努力出現該行爲，我可能會移除狗狗獲得強化的機會，也就是拿走零食（負懲罰（negative punishment））。我所選擇的技巧是所謂的正增強（positive reinforcement），意思是讓狗狗獲得喜歡的東西，而負處罰則是讓牠失去獲得喜愛事物的機會，也就是牠完全拿不到零食。

訓練狗狗時說「不可以！」，或給予其他負面回饋是不對的，無論是訓練把戲、服從、掃雷或敏捷。

當你說不可以、猛扯牽繩或做任何作爲糾正的處置，都會引發狗狗的負面情緒。比起正面情緒，負面情緒的習得速度更快，也更加強烈，因此在狗狗做對時立刻稱讚牠做得對，也無法抵消之前稍早的負面做法。此外，當你使用處罰，即使你「極少」處罰，狗狗也會持續戒愼小心，擔心何時會再發生攻擊，因爲實際上，處罰就是一種攻擊，因此在受到處罰之後，狗狗馬上就會開始預期下次的處罰。牠會變得不確定、有壓力，由於壓力導致記憶衰退和認知能力受損，狗狗的學習效果常會很糟。在極令人心酸的個案裡，這類訓練曾造成習得無助（learned helplessness）❶及憂鬱症。

（全書註釋皆為譯者註）

❶指受試者在反覆忍受令人厭惡的刺激後表現出的行為。

動機

爲了確保狗狗選擇與你合作，極重要的是要讓狗狗有想合作的充足動機。要有適當的動機，作法是在適當時機提供份量適當的適當獎勵，這可能比你預期的更容易或更困難。

有時候獎勵必須是能夠給狗狗的最好東西，有時說些好話就夠了。你需要訓練自己判斷何種表現適合何種獎勵，我遵循一個簡單的原則：對於出乎意外的好表現，我會給最好的獎勵；若是好表現則給予不至於太高檔的獎勵；如果是應有的預期表現，我可能只給予口頭稱讚。

永遠不要忘記關注自己的動機：如果你想看到訓練有所進展，你和狗狗都需要覺得付出的努力是值得的。

以食物或玩具作為獎勵或增強物

訓練新行爲時，食物是我最喜歡使用的獎勵。食物對於任何會進食的存活個體都是終極獎勵。成年野生掠食動物所花費的任何力氣，基本上就是用於蒐集食物，也就是爲了生存。

訓練用的零食應該小小的、新鮮又富含水分，也應該非常美味，很快即可吞下肚。有種很惱人的情況是，狗狗比較想去撿食地上所有的乾燥零食屑，你只能枯等牠回歸訓練。當你用球獎勵狗狗，

牠找到了令牠興奮的東西。你找到什麼會令你的狗興奮的東西呢？興奮之情就是強烈深層動機背後的祕密。

牠卻把球咬去自己玩時，你可能也會感到困惑。訓練初期就使用物件作爲獎勵通常會花太多時間，而且它會把狗狗的注意焦點從訓練轉移到物件上。此外，如果你需要強搶，或給指令才能從狗狗身上拿走物件，這就可能變成一個「帶來負面感受」的情境。

然而，在某些遊戲或情況下，使用玩具作爲獎勵可能會比較好。災難搜救犬找到人類時應該非常堅持和喧鬧，那麼玩具可能就是終極獎勵，因爲這會比食物造成更大的壓力和躁動，而且狗狗會因爲期待玩具而變得非常開心興奮，牠會哀鳴、吠叫、跳來跳去，並且發出很多叫聲。同樣地，如果你想訓練自家的狗聞到火災煙味就發出警示，玩具可能會是最棒的獎勵，因爲大多數火災都是在晚上你熟睡時發生的。

儘管如此，請記得食物是生命的意義，任何生物都會努力去找東西吃。對於橡皮物件或絨毛玩具出現開心之情通常是學習而來的，對於食物的渴求則是本能。

利用食物訓練時，事先計畫很重要，不建議訓練非常飢餓的狗，這將使狗狗產生太大的壓力；從另一方面來說，狗狗剛吃飽就馬上訓練也不安全，因爲會有胃扭轉（stomach twist）的危險，而且飽餐過後，狗狗的身心比較想休息而非工作。請確保帶狗狗去訓練或玩時，牠處於平衡，既不餓也不飽。

利用零食訓練的要訣：

1. 確保帶狗狗去訓練或玩時，牠處於平衡。
2. 著重尋找零食或用零食作爲獎勵的遊戲（或訓練），很容易營造出狗狗需要歷經萬難才能取得食物的氛圍，這可能導致高度壓力，原因是狗狗本能上可能就相信食物是稀有的。
3. 訓練剛吃飽的狗狗，最糟的情況是增加狗狗胃扭轉的風險，最好的情況則是你會有隻動機不佳的狗。
4. 預先計畫好，你才能有一隻不餓也不飽、狀態完全合適的狗狗來進行遊戲或訓練。

你「真的」知道自己的狗狗最喜歡什麼嗎？

我記得一個訓練北極熊的故事。我對於挑選哪種零食有一些想法，我想你也會有，不過這不是那麼容易，這隻北極熊最愛的是葡萄乾。我見過一隻偏愛黃瓜的拉布拉多犬，但是多數狗狗較喜歡來自肉店的東西、魚肉或起司。

為了找出狗狗最愛的零食排行榜，一隻手放一塊肝，另一隻手放雞肉，把雙手握起來讓狗狗聞，調查你手上有什麼，然後把兩手的距離拉開。狗狗做最大努力頂開手指的那隻手即有牠較愛的零食。若是雞肉的話，你現在已經知道雞肉的排名比肝高，知道這一點後，再繼續比較雞肉和起司、熱狗、魚排或羊肉等等，直到你比較過每一樣零食，結果就是狗狗最愛的七種零食排行榜。大家幾乎都會發現，狗狗喜愛富含水分的新鮮食物甚於乾柴酥脆的食物。購買市售加工零食之前，請先仔細閱讀包裝上的說明資訊：這些零食的真正原料是什麼？選擇一些你認為對狗狗來說美味又健康的零食。

變化性增強（Variable reinforcement）

除了變換零食種類以外，我使用變化性增強❷，簡單的意思是，狗狗永遠不會事先知道是否將獲得獎勵。做法是在訓練初期，狗狗每次出現行爲就獲得零食，直到牠開始

❷ 變化性增強指的是，不是每次出現行為都有賞。

理解該做什麼，通常可能需要重複一至八次。接下來，只在第二次出現行為時才給予零食獎勵，直到表現得更好；當狗狗的表現開始穩定，你在第三至第八次出現行為時才予以零食獎勵，此即變化性增強，日後就一直維持這麼做。如你所見，重點是狗狗永遠不知道何時會有零食或將出現哪種獎勵，牠將永遠抱持希望，所以會持續嘗試，如同我們玩樂透一樣。

如果你家狗狗的表現停滯，沒有進展，原因可能是你太常獎勵；如果狗狗完全停止表現，代表你的獎勵頻率太低了。

不過有個重要的例外，那就是青春期的狗狗，牠們很容易感受到挫折及壓力，加上牠們面對壓力的能力相當差。因此對牠們比較建議採用持續性增強，也就是每次都予以獎勵，直到青春期結束。

大獎（Jackpots）

大約二十年前人們經常使用「大獎」，大獎原先的意思是品質超級好的獎勵，給予的頻率極少，只用來獎勵非常特殊的表現。然而，現在已發現，大獎不一定會激勵狗狗出現給予大獎的行爲，而變成刺激狗狗產生全然不同的表現。或許大獎帶來的驚喜和歡愉遮蔽了受訓行爲的記憶，結果狗狗出現其他的新行爲。因此，當你和狗狗的訓練停滯不前，大獎可能是不錯的選擇，但是太常使用可能會喪失它的作用。如果你訓練時使用零食作爲增強物，那麼作爲大獎可給予幾塊零食或一大塊零食。你也可以選擇完全不一樣的東西（例如球或啾啾玩具）作爲大獎。

我已經不常使用這個技巧，因爲它無法支持我當下想要訓練的行爲，但也許會激發完全不同的行爲。所以，如果我想要玩玩創意，大獎可能就是很有用的做法。

塑形法（Shaping）

塑形的意思是慢慢地、一步一步建立起你想要的行爲。假設你想要狗狗去到毯子上，現在就仔細留意，當狗狗稍微有一點瞄過去毯子方向的動作，就稱讚或獎勵牠。牠必須自發性地出現行爲，你不應該以任何方式協助牠。說出「好乖！」一詞來稱讚或標記行爲，然後給予零食。而且你永遠只會獎勵比之前稍微好一點的行爲，絕對不會獎勵比之前差的行爲。

因此，在你獎勵了瞄過去的第一眼之後，你要稱讚或獎勵牠更認眞注視的動作，然後只要牠往毯子方向走了一步就稱讚或獎勵，逐漸稱讚或獎勵牠朝毯子方向走愈來愈多步。接下來，稱讚或獎勵牠以一隻腳或只用鼻子碰毯子，然後以兩隻腳碰，一步一步地直到整隻狗站在毯子上。

此時把時機點抓準至爲重要。你的稱讚字眼需要在狗狗做出喜見行爲的當下說出來，然後在說了「好乖！」之後馬上給予很棒的零食。

本書其他章節的許多訓練技巧主要便是依據類似塑形技巧的方法。

看懂你的狗

訓練狗狗時，永遠要聚焦在牠在向你溝通什麼。你要學習狗狗的語言，了解安定訊號並且學習辨識狗狗的壓力訊號，你才能及時停止訓練。

一些簡單的壓力訊號

- 壓力訊號包括皮屑變多、喘氣從開心轉變為慌亂緊張、舌頭變為湯匙的形狀、笑臉看起來像鬼臉（我稱之為「鱷魚露齒」）、咬牽繩或人的衣服，或眼睛下方有很厚的皺摺。
- 如果在訓練或玩耍之後，狗狗無法安定下來，牠的壓力已太高，體內充斥腎上腺素，對狗狗來說已經過度，下次少做一點。

擬定訓練計畫

要意識到，這將是狗狗第一次進行氣味追蹤、第一次聞到大麻、第一次尋找失蹤人士或第一次找香菇；在狗狗的一生中，任何首次搜尋都將是最重要的一次經驗。首次搜尋用來解決任務的方法，將成爲狗狗日後遭遇類似情況時應對問題的方法，無論中間歷經幾個月或幾年的訓練亦然，因此永遠要先謹愼思考目標，並擬定好計畫之後才開始訓練。

如果你尚未完全擬好訓練計畫，最好暫緩訓練，不如去好好散個步或選擇玩一個你們已經熟悉的遊戲。

要做多少的訓練？

在你開始之前，請意識到不過度訓練的重要性。訓練新行爲時很容易重複太多次，我教導新把戲時有個黃金準則：重複一至三次，稍微休息一下，再開始練習一至三次。稍微休息一下的時間可能只是幾秒鐘，然而如果你已經嘗試了三次都失敗，你仍應該獎勵你的狗，（獎勵牠的耐性！）然後找出哪裡出問題，可能附近太多干擾、狗狗生病了、吃飽或累了、你自己的脾氣暴躁，或者這個把戲太難了。

如果狗狗第一次嘗試就表現完美，獎勵牠並且稍事休息。請謹記：每隻狗都不一樣。對有些狗狗來說，重複三次已經太多了；對某些犬種或個性特質的狗狗來說，每回練習你只有一次機會。但對一些狗來說，超過三次也可能沒有關係，如果你太早停止訓練有可能使你的狗狗感到挫折。學習了解你家狗狗的個性，找到你們自己的臨界次數，每回練習最多五次是不錯的停點。

永遠要在狗狗表現出最佳預期行為時設法結束訓練，如此一來你將建立起正向的學習氛圍，你的狗狗會把訓練視爲歡愉時光，不過要當心：不可爲求成功表現而一直延長訓練。

休息時間

每當完成三至五回的練習（每回重複一至三次），就應該休息五至十分鐘或更久的時間，甚至休息幾小時或幾天。休息時間的長短和頻率必須因狗而異，也必須考量訓練對於身心要求的程度。同一天裡可短短地訓練多回，只要留意間隔適當的休息時間。

請學習看出狗狗疲倦的徵兆：最佳狀況是，你應該在狗狗興致開始下降之前就停止訓練。營造讓狗狗成功的機會，並且調整訓練確保牠成長茁壯是你的責任，也是好領袖應有的表現。

在訓犬書的開頭就談到休息時間可能看似自相矛盾，但是休息時間是訓犬時最關鍵的要素之一。休息時要讓狗狗做什麼？休息多久？我（我和狗狗）到底何時應該要休息？

休息時間的目的是休息和放鬆，舒服地坐下放鬆，消化剛才學到的東西，也準備迎接更多學習。因此很重要的是，你知道讓你的狗狗做什麼會有這些效果。每隻狗狗各不相同，許多狗狗會在車上悠哉放鬆，但有些狗狗被獨留在車裡會歇斯底里，或覺得牠們必須看守車子而一直處於工作模式，無法休息。

我在課程及工作坊中，常觀察到狗狗飼主利用休息時間訓練別的事，例如服從、把戲、敏捷障礙等等，這通常不是好做法。問題在於訓練別的行爲轉移了狗狗對於先前訓練的專注力，而且把狗狗對於先前訓練的記憶替換成休息時間的訓練，此外，狗狗並沒有休息，也沒有吸收學習到的東西。

另一個會在休息時間讓狗狗做的活動（儘管基於善意），是讓牠和其他狗狗玩或自由狂奔，對於特定情況下的一些狗狗，這麼做可能無妨，但只能是很短的時間。狗狗應該休息及充電。

與其做這些，我建議用長牽繩帶狗狗去散步，讓牠自由嗅聞，以及探索任何牠找到的東西。如果剛才的練習要求狗狗一直動腦，以及都是不易解決的任務，讓牠稍微跑一

狗狗在上課時睡著了，牠顯然覺得打個盹很安全。許多狗狗在這種情境裡無法放鬆，這便不會是牠們的休息時間，事實上牠們完全無法休息。

下（如果牠想的話），可能有其好處。

如果你真的想支持並且強化狗狗的學習成效，可以讓牠在充滿身心刺激的環境裡慢慢地走，嗅聞探索。避開會留下深刻印象的事物，尋找會稍微刺激好奇心的事物。輕度運動也可能增強學習效果，但重度運動則可能破壞學習成效。

你什麼時候應該休息呢？多半情況是，在你想到休息之前早應該這麼做了！在狗狗的表現持續改善時讓牠休息，這樣你和狗狗在回顧這次練習時都會感到很正面。你的狗狗可能在第一次嘗試就有超讚表現，好的，那麼就增強這個表現，做個短時間休息，然後再重新開始訓練相同任務。短時間的休息可能二十秒或更久。我們太容易會想：「哇，牠做出來了，這樣很讚，再來一次好了！」接著幾乎都一定面臨失敗。停止訓練要及時，學習這個座右銘：「對！做得好！現在我們休息。」如果狗狗的（或你的）積極性開始下降，你在不久前早該休息了。不用擔心，你將慢慢學會看懂這些徵兆。

何時進展到下一步？

進展到下一步的黃金準則是，當狗狗的表現已有八成正確度。我曾經學過，需要重複練習八十至一百次才能確保狗狗已經學會這個行爲，所幸現在已經不需再用這麼難的準則，以前的狗狗對於這麼慢的進度一定感到挫折又窮極無聊。對於學習快速的成犬，即便是八成的準則可能也要求太高了。爲了能夠衡量八成成功率，我們需要至少重複五次，我看過狗狗在第一次或第二次嘗試之後就達點，如果我們繼續讓牠們演練相同的事，牠們可能會完全喪失興趣。然而一旦我們提高難度，讓它稍具挑戰，狗狗的興趣就可能會提升。

爲自己和狗狗找到平衡的進度，你們一起面對很多樂趣，而不是沒必要的失望及挫折。

你知道嗎？

在訓練狗狗的過程中，最常出現問題的原因是進展過快，然而第二常見的原因則是進展過慢。

這隻狗狗即使已經十五歲了，依然很樂意爬上樹去找美味零食。

4

搜尋零食

我所謂的「零食搜尋」是由成人或兒童陪伴狗狗玩的遊戲，你可以在室內、院子、公園玩、海灘、停車場、草地或森林裡玩，事實上任何地方都可以，只要狗狗在選定的地點感到安全放心即可。

你可以在家裡或屋子周圍、花園或院子、公園或森林區域的某個地方，事先藏好很多大大小小的零食，再讓狗狗自己去找出來。你的狗狗沒有看見你藏在哪裡，也不會有你或其他人來幫忙牠，牠將自己進行搜尋。這個搜尋很可能持續好一陣子，久至狗狗會找到也吃掉多個零食，也已經準備好小睡一番。你可能不相

這隻體態健壯的狗狗可能會在乾草卷裡外找到零食。請確保乾草卷不會滾動，而且狗狗不需要太費力就能夠跳上去或跳下來。

信你家狗狗會這樣？往下繼續閱讀幾頁之後，你將看到通往那裡的路比你所想的更短、更容易。

狗狗天生就會結合自己的鼻子和四條腿來尋找食物或某個想要的東西，書中稍後會提到方塊搜尋比賽之類的遊戲，我們將會把這一點納入考量。剛開始時，我們會把難度完全調低：讓狗狗尋找某個牠找到時會很開心的東西，並讓牠當場獲得獎勵。

每位與我對談過的狗狗飼主都呈報，他們發現這個遊戲對狗狗和人來說都很簡單有趣。多數狗狗在搜尋及找到食物的過程中獲得深深的滿足感，而擅長這點的狗可能會搜尋一大片區域，那裡散布著許多美味可口的小驚喜。狗狗搜尋完後，你將觀察到牠變得極為安定、滿足，這樣的搜尋活動比小跑步、玩飛盤或服從訓練提供了更多身心刺激。對於作為旁觀者的你來說，如同觀賞美好的慢步調電視秀，主角就是自己的愛犬。

零食搜尋是提供許多益處的難得活動，益處如下：

1. 腦部研究發現，我們在尋找東西時，比找到東西或接受東西時更有刺激身心的效果。

2. 尋找時非常愉悅。
3. 一旦零食進入消化系統，進食這件事便會引發安定性荷爾蒙和酵素。
4. 進食對生存不可或缺。
5. 把頭放低或嗅聞地面是安定訊號，狗狗會使用安定訊號安定自己。
6. 狗狗也會使用安定訊號安定環境。
7. 它代表了一種與食物或環境接觸的選擇。
8. 若是情況可能不自在時有件事可做。
9. 這是狗狗知道怎麼做的事。
10. 它符合狗狗的天性和本能。
11. 經常包括很有用的身體伸展動作。

倘使你的狗狗稍後學會做方塊搜尋，但拾回還做得不太好，此時零食搜尋可能會是有用的遊戲。在狗狗學會積極且徹底地搜尋之後，你應該把這個遊戲取個特殊名字（例如：「找零食！」），避免日後當你希望狗狗拾回物件給你時，狗狗可能會感到困惑。如果狗狗沒有找到所有零食，就把剩下的好料留給螞蟻和鳥兒大塊朵頤吧。

歐嗨噢（Ohio）在公園看著曉儀把零食丟出去。在公共區域玩這個遊戲時，建議上長牽繩。若是在安全地點，則是解掉牽繩讓狗狗搜尋的好機會。

零食搜尋的訓練

第一次開始做零食搜尋時，請用牽繩把狗狗牽在身邊，面朝同一方向。在室內或戶外都可以做。不可給予狗狗「等待」或「站著」之類的口頭訊號，只要抓著牠的胸背或牽繩讓牠留在原地。爲了確保你和狗狗面朝同一方向，必要時可把腳往前跨一步。不要推牠或拉牠，只要自己移動一、兩步，然後把一塊零食丟到一、兩公尺外，確保狗狗持續看著零食落地的位置。零食一落地就放開狗狗，讓牠前去找到零食，把它吃掉。此時要加上口頭訊號或手勢還太早，稍後我們會加上口頭訊號「找零食！」。

糖糖現在年紀太大不能爬樹，把零食藏在樹根之間正是適合牠的挑戰難度。

這個遊戲可以在室內、花園、公園、森林裡或任何地方玩，做法都一樣。

零食搜尋的步驟如下：

1. 首先只把一塊零食丟到一公尺遠處，確保狗狗看見它丟出的方向。待零食落地後稍等一下，再放開狗狗，讓牠衝過去找零食。在狗狗找到零食時，歡迎你告訴牠，牠真是聰明的孩子！與牠一起共享喜悅，不過老實說這麼做並非必要。在狗狗吃掉零食之後就把牠叫回來，如果把牠召回對你來說是個挑戰，當牠回來時就要給牠另一塊零食。

2. 要記得，狗狗學習的速度比你想像得要快，因此現在需要很快提高挑戰難度。這次丟兩塊零食，下次丟三塊零食，一塊要緊接著另一塊丟，關鍵是每次只丟一塊，讓狗狗等到所有零食都落地。要確保零食落地後的間隔距離不到一公尺，也要確保狗狗持續看著零食直到落地。依然不給口頭訊號，讓狗狗跑向零食。如果牠沒有找到每一塊零食，不用擔心，只要把牠叫回來再丟出兩、三塊新零食。如果你使用同一區域進行遊戲，對狗狗來說被遺忘的零食將成爲下回玩遊戲的加碼零食，牠發現愈多零食，就可能愈會覺得這個遊戲好玩。重複做一次或兩次可能就夠了。

3. 步驟同前，現在丟四至五塊零食。至此狗狗可能已經有些概念了，你可將零食丟遠一點，多散開來一點。此時讓牠去搜尋，仍不應給口頭訊號。

4. 是時候加上口頭訊號了。現在丟出二至四塊零食就夠了，這有點像是測試。如果狗狗直接跑去找零食，現在就是加上口頭訊號的時機。不用休息，再丟出三至四塊零食，然後放開狗狗，當牠一出發去找零食，當下說出：「找零食！」重複做兩、三次，讓狗狗慢慢理解這個口頭訊號。此後你每次讓狗狗去搜尋零食時，都要說出這個口頭訊號。

如果你一口氣做到了這裡，狗狗需要至少十分鐘的休息時間（請見第三章關於休息時間的內容），才能進階到第五步驟。

5. 現在丟出更多零食，八至十塊無妨，比之前丟得更遠更分散，放開狗狗之前先說口頭訊號「找零食！」，重複一至三次。

6. 該是擴大搜尋區域的時候。如果狗狗懂得等待的口頭訊號，在你準備任務時讓牠站著看你。如果牠沒有辦法冷靜等待，把牠栓起來或找幫手牽著牠，或請幫手撒零食。有些狗狗看到飼主帶著零食走掉時，會感到很大的壓力，所以請人幫忙做這件事會有幫助。現在要散布十至十二塊或更多塊的零食，就在區域內東丟西撒、四處散置這些零食。如果你的狗狗身體強健，而且離開你也不會有安全顧慮，這個搜尋區域可以大至一百平方公尺甚或更大。不需要重複做。

現在是狗狗和飼主都應當休息的時間，狗狗需要能夠全然放鬆，完全不做任何需要牠專心一意的事情，去散步走走，在室內待著不動，什麼都可以。半小時後或隔天再開始做額外的訓練。如果你隔天才再開始訓練，從第五步驟開始，這會讓你知道狗狗還記得多少，牠很可能全都記得很清楚。如果牠不記得，就從第三步驟開始，然後快速完成第四、五、六步驟。現在可以進展到不讓狗狗看到你藏零食，然後叫牠搜尋。

7. 布置一個零食搜尋的區域，不讓狗狗看到你在撒零食。當狗狗留在屋內、待在另一房間或車內，或繞到小山丘/房子後面等待，你就到處丟擲一些零食。第一次做的難度不可過高，在離起點非常近的地方放一些零食，讓狗狗馬上就可以找到一些。把狗狗帶到起點，如之前練習時一樣地拉著牠，說：「找零食！」再放開牠。如果牠開始嗅聞找零食，你便知道牠已經學會這個詞的意思，你已達成目標！恭喜！如果你的狗狗挑戰失敗，重複第六步驟兩至三次，然後再次測試第七步驟，沒有關係。重複回到第七步驟做測試，或者回到第六步驟練習，直到狗狗聽到口頭訊號就開始搜尋。

8. 該是擴大搜尋區域的時候。逐漸增加範圍，直到區域的大小適合你和你的狗狗。要考量狗狗的體型、通常移動的速度、心理的強大程度、年紀以及搜尋速度。對於健壯的拉布拉多犬或雪達犬來說，搜尋足球場大小的區域應該不成問

零食搜尋可以是狗狗的社交聚會。狗狗是社會性動物，喜愛進食和搜尋時有朋友相伴。有多隻狗狗第一次參與遊戲時，務必要確保彼此的距離相當遠，以免有狗狗想護食。

題。多數小型犬也可以在林子裡的小草皮、公園或停車場裡某個安靜角落，甚至是工業區成功地訓練。每次搜尋可能會花上不止二十分鐘。適當的搜尋範圍和時間將造就出安定滿足的狗狗。

無論年紀或體型，狗狗都很喜歡接受挑戰，也有能力應對，如同你我一樣。務必留意要給狗狗安全的任務，而且狗狗的身心也有能力接受任務。骨架粗壯或有背部等骨骼問題的狗狗，不應該搜尋高處的零食。

9. 在狗狗開始搜尋之前，設法變化零食在地上的放置時間，有時「落地較久」的零食較容易找到，有時不然。玩玩看，測試狗狗能夠應付的難度是什麼，把它變成你和狗狗（或狗狗和孩子）之間的遊戲。此時遊戲的重點是把零食藏好，讓狗狗眞正有挑戰性地找到它們。在狗狗的餘生當中儘可能常玩這個遊戲！

10. 概化❶這個搜尋遊戲，意思是狗狗需要學習在各式各樣的環境進行搜尋，無論室內或室外。也許你總是在同一個特定房間裡玩這個遊戲？現在就是擴展範圍的時候，可以增加狗狗在家中進行搜尋的房間數，也許還可以到親友家裡、在外頭花園、樹林、公園或任何地方。你一開始是在樹林裡玩嗎？那就可以變化樹林的類型。如果你的狗狗只想在有藍莓樹叢或某類草的地方搜尋零食，你可能很容易陷入困境。如果之前都在花園裡玩，現在就走出花園，到鄰居院子裡玩，再到各個不同的地點。不過，唯有在狗狗感到安全自在的地方才能玩零食搜尋的遊戲。

有用的提醒

在初期階段，你應該確保在狗狗仍想繼續玩時就結束遊戲。如果讓牠持續玩到累了，牠可能會喪失對這個遊戲的興趣，尤其狗狗還在學習玩遊戲的初期階段，意識到這一點很重要。之後，當狗狗知道怎麼玩遊戲也喜歡玩了，你可以讓牠持續尋找零食直到牠自己停下來，這可能是因爲零食已經都找到了，或是因爲牠已經玩夠了。

在學習這個遊戲的早期階段，我每回都會在同一個區域玩遊戲，無論在室內或戶外。如果狗狗在一個回合裡沒有找出所有零食，剩餘的零食就會留下來，作爲下回遊戲的額外獎勵，因爲你會繼續使用相同區域繼續丟/藏零食。如此一來，狗狗甚至獲得更多增強物，可能會把這個遊戲學得更快。

如果你的狗狗因爲某種原因沒有找到你藏起來的零食，不可向狗狗指出位置，就讓零食留著，結束遊戲時再取走，或者留在原位，日後你的狗狗（或其他狗狗）找到它時會是不錯的驚喜。

❶ 個體無論遇到任何狀況或環境都能表現特定行為。

日本的臘腸犬

我想分享這隻小小狗學習使用鼻子的故事。

在日本，多數小型犬基本上都是寵物狗，這隻小狗也是。牠是成犬，但從來沒有用鼻子找過任何東西的經驗。牠習慣被人抱著走，而不是在地上自己走。

我們幫牠安排零食搜尋，把零食丟到離牠兩、三公尺外的地方，牠一直看著我們在做什麼，但當我們期待牠開始嗅聞，牠還是站著不動，嗅聞自己的腳掌附近。於是我們把距離縮短至三十公分，牠才知道要做什麼。所幸牠真的知道要做什麼，牠熱切地全面搜尋，找到了樹葉底下的零食，開心地咀嚼並吞下肚。

接下來兩至三回的練習裡，我們設法把牠的搜尋距離增加了一倍，也就是遠至六十至七十公分。

營造「豐富環境」

嚴格來說，要狗狗有好表現並非一定要有豐富的環境，而是你送給狗狗的禮物。我想談談豐富的環境，因爲它對狗狗來說非常非常好。

顧名思義，「豐富的環境」是由某人以某種方式提供豐富刺激、讓狗狗出現自然行爲的環境，它可以在室內或戶外，在花園或公園，事實上在任何地方都行，只要狗狗感到安全即可。

狗主向我們比出「停止手勢」，他想要阻止別人接近，好讓他的狗狗可以不受干擾地享受牠的零食搜尋。

豐富與否由狗狗判定

狗狗喜歡觀察東西、嗅聞、嘗味道、啃咬東西、聆聽聲音，牠也可能喜歡在不同材質的表面上行走。運用你的想像力，開始豐富環境，過程中你將從狗狗那裡學習到牠最熱衷的事物是什麼：音樂盒、兒童玩具、風鈴、不同形狀和大小的紙箱，準備水裡添加不同口味（好喝和難喝口味）的水碗，你家狗狗的選擇可能會讓你大感意外。

如何得知狗狗覺得什麼東西有趣，因而具有豐富化的作用呢？試試

令你家狗狗興奮的東西可能會讓你驚訝。你到底有多了解自己的狗狗？牠喜歡探索哪類的東西呢？

這個測試點子：在屋內的話，你可以從碗櫃、衣物櫃、閣樓和地下室裡拿出一些東西，擺放在地面上。東西擺好之後才讓狗狗進入房間，讓牠以自己的步調探索物件。注意，狗狗可能會啃咬東西、坐在上頭，如果在戶外，牠甚至有可能尿在一些東西上。因此，選擇使用的東西應該不易被狗狗破壞，可以清洗或丟棄，不可有銳利邊緣對狗狗造成危害，也不會吃下後中毒或變得不健康，或容易解體分崩的東西。

在戶外的話，你可以從車庫搬出一些東西，或者讓狗狗去車庫裡，也許你的鄰居會讓牠進去他家車庫？如果你住在公寓大樓，地下室有儲物間，你們就可以去地下室，垃圾集中區呢？什麼事都可以嘗試，只要確保安全即可。

你可以帶狗狗去一些牠能做嗅聞的地方，例如垃圾場、木材工廠和工業區，在很多這類的地點，你需要使用牽繩牽著狗狗走，繞開不安全的事物，但允許狗狗在這類地點嗅聞可能讓牠格外開心。

如果我出外旅行沒有帶著狗狗同行，我時常會帶東西回家。若我去了海邊，我可能會帶海草、漂流木和海灘上的東西回家。我曾帶回澳洲樹林發現的蛇皮、一些野生香料

胖達住在台灣，牠因犬瘟熱而癱瘓失明。我們為牠布置了一條豐富步道，由飼主瑞秋把東西撿起來，一一讓牠嗅聞，再換下一個物件，牠最喜歡的物件就會被放進推車裡。最後牠趴在草地上，慶祝自己擁有這些寶貝。

植物、袋鼠大便等等。我也可能摘些栗子、小樹枝或任何我遇上的東西帶回家，我家貓狗都很喜歡探索我帶回家的東西。每隻狗狗都很好奇，採買回家後，在整理收拾過程中只是讓狗狗聞聞雜貨就是個禮物。環境豐富化不應該只是尋找零食或玩狗狗玩具，這一切是允許狗狗保持好奇心。

允許你的狗狗自由探查環境，依牠自己的速度進行，如果牠選擇不探查也沒有關係。你也不應稱讚或鼓勵你的狗狗；你的工作只是提供機會給牠。你也要確保在豐富環境裡沒有可能令牠害怕的事物，這個活動應該是美好的禮物，不該有其他。

享受它的樂趣吧！觀看這個活動很有意思，而且你對於愛犬真正覺得有趣的事物可能會感到意外。如果你想多多投入這個遊戲但已經點子用盡，你在網路上可以找到許多建議和點子。

芬特正在檢查我的行李箱。何不讓狗狗聞聞你的購物袋，用牠的鼻子幫忙你把東西歸位呢？

5

搜尋玩具

挪威有個小朋友最愛玩的遊戲，叫做「尋找頂針」（Hunt the Thimble），要把它翻譯成英文的意思不容易，但是你的狗狗也可以學習玩這個遊戲。喜歡咬著心愛玩具走來走去的狗狗，可能會覺得它和尋找零食一樣好玩。這個遊戲和零食搜尋非常相似，差別是狗狗要去找某個物件而非零食。

選擇合適的玩具

你需要有一個狗狗喜歡咬著走的泰迪熊或其他玩具。在初期，如果狗狗不會把泰迪熊拿回來給你也沒關係，此時的目標是讓牠利用鼻子去搜尋並且找到玩具，而且讓牠覺得這很好玩。你的狗狗找到泰迪熊後可能會走掉，拿去自己玩，在這個階段這麼做沒有關係。狗狗從搜尋獲得的愉悅感及心智刺激，與找到玩具有同等的重要性，即使牠沒有做好玩具拾回。你的狗狗會感到疲累和滿足，而且無論牠把泰迪熊拿去自己玩或與你分享，找到泰迪熊的愉悅感受是一樣的。把泰迪熊拿給你的這個細節（完美拾回）只是最後的錦上添花。不過，在狗狗還無法拿回玩具給你的期間，我建議玩這個遊戲的地點選在室內或圍欄內，或者在非常安全的區域。

如果你想要玩這個遊戲，並且教會狗狗做好拾回，即使牠現在還不會這麼做，請參閱第十四章的拾回章節，文中將告訴你如何以愉快的方式訓練狗狗可靠地拾回物件。以前學過拾回的狗狗在玩這個遊戲時，會把泰迪熊或任何你選定的物件呈給你，包括回到你身邊。現在你可以把物件再次藏起來，以稱讚或零食交換物件，或者把它還給狗狗讓牠去把玩。

當你開始訓練這個遊戲，最重要的是選擇一個狗狗很愛咬，而且牠會撿起來自己玩的物件。這是起點，從而達到教會狗狗撿起各種物件的目標。

很難說找到這個空塑膠瓶讓誰比較開心！亞斯翠（Astrid）和狗狗迪亞哥（Diego）在這個遊戲和其他搜尋遊戲中都玩得很開心。

如同搜尋零食，搜尋玩具可以在室內、花園、公園、森林等地點，然而有個重要的差異：如果你的狗狗無法找到你藏起來的東西，而你也不想丟失這個東西，你需要記得自己把它藏在何處，結束遊戲時再自行取回。

搜尋玩具的步驟

第一步驟：搜尋的意願

輕輕抓著狗狗的胸背帶，然後把物件丟在牠看得到的地方，如果有人幫你放置玩具，玩這個遊戲會容易一點。一放下玩具就馬上讓狗狗衝過去找它。放在離狗狗一至三公尺處是不錯的起始位置。狗狗找到物件時稱讚牠，分享牠的喜悅，如果牠跑來找你就和牠玩玩那個玩具，然後再給塊零食，重複兩至三次。

第二步驟：增加搜尋的難度

多數狗狗的學習速度快得超乎預期，所以早早就增加挑戰難度會是聰明的做法。每重複一次練習就多增加一點難度，把物件拋擲或放置得稍遠一點，並且藏在別的東西後面，讓狗狗無法看見它被放在什麼地方，不過狗狗仍需要知道物件的大致位置。物件一放好就放開狗狗，讓牠跑過去找，依然不要說出任何口頭訊號。一如既往地，當狗狗找到物件，對牠開心說話，分享牠的喜悅，重複練習幾次。

在幫手走開去藏玩具之前，先讓狗狗「嚐嚐」玩具的氣味。

此時應該是休息時間，也許休息兩至十分鐘或更久。結束休息後，你只需要用第二步驟暖身一次，然後就繼續進展到第三步驟。

第三步驟：在狗狗視野以外藏玩具

如果狗狗已知等待或定點不動的指令，說出你的口頭訊號讓牠這麼做。一走出牠的視野範圍就去

當我藏瓶子時，迪亞哥密切地留意。我在附近胡亂走，設法混淆牠一下。牠帶著所獲回來時看起來相當開心。

藏好玩具，回到狗狗身邊後解除指令，讓牠去找玩具。如果狗狗不懂「等待」的口頭訊號，你可以栓住牠或請人牽著牠。如果你在室內玩此遊戲，你也可以關上門，讓牠在隔壁房間裡等候。如果牠沒法成功找到玩具？那可能是你藏得太遠或太難找到，調整後再重複一至三次。

第四步驟：使用「等待」的口頭訊號

現在要擴大搜尋區域。使用「等待」的口頭訊號，如果需要可使用牽繩或請人幫忙。讓狗狗看著幫手藏玩具，但是要藏在一個牠實際上看不到玩具落點的位置，不要現在就藏得太難。藏玩具之前和之後都要在附近走走繞繞，讓你的氣味四處飄散，避免狗狗直接跑著衝過去，我們比較希望牠嗅嗅聞聞，保持專注，而不是用跑的。重複一至三次。

第五步驟：教導遊戲的名字

現在準備教狗狗這個遊戲的名字。在你讓狗狗開始去找玩具的瞬間，說出玩具的名

狗狗得意洋洋地咬回物件，興奮地等待著因為這個發現而得到獎賞。

字或某個你選定的口令。如果你確信狗狗在第三步驟已經非常了解如何玩這個遊戲，你也可以在那時就開始說出口頭訊號。只是你要確保開始使用口頭訊號之前，狗狗已經明白如何玩這個遊戲。重複兩至三次。

現在又來到休息時間。讓狗狗放輕鬆，不做什麼有挑戰性的事。散步走走、在屋內放鬆，做任何對你的狗狗來說有休息效果的事。下一次練習可以半小時後或隔天再開始。假如你等到隔天再練習，你可能會想從第三步驟開始，以它作爲測試。然後，只要狗狗還記得怎麼玩，你可以很快進展至第四和第五步驟，讓你的狗狗不用觀看任何準備工作也能玩這個遊戲。

第六步驟：再次提高搜尋難度

藏玩具時確保狗狗看不到你這麼做。在你藏起超棒玩具的同時，讓狗狗待在屋裡、另一個房間、車裡、山丘或建築物後方等候。此次還不要把玩具藏得太好，你不會希望狗狗找不到而放棄。把狗狗帶過來，像之前一樣牽著牠或抓著牠，說出你選定的口頭訊號再放開牠，如果狗狗現在即開始搜尋，你便知道牠理解口頭訊號的意思，你已達成目標了。恭喜！假如狗狗找不到物件，重複第五步驟兩至三次後，再以第六步驟測試牠。繼續以第五步驟和第六步驟交替練習，直到狗狗聽到口頭訊號就開始搜尋。不可練習得欲罷不能，忘記現在是休息時間！

第七步驟：擴大搜尋區域

你可以把搜尋區域變得更大，也更具挑戰性。在屋內的話，你可以把玩具藏在家具後面、地毯或坐墊底下、架子上或在某東西的下方，發揮你的想像力。不過一定要公平，要藏在狗狗通常能夠進出的地方。在藏玩具之前，你可以走經幾個房間和樓層；若在戶外，你可以把物件藏在距離起點三十公尺甚至五十公尺遠的地方。不斷地提升挑戰（例如距離或難度），試試以每次增加五公尺的幅度來拉遠距離，循序漸進。爲了確保狗狗的成功，每次增加的幅度需要加以調整。

第八步驟：改變玩具藏匿的時間長短

改變物件的藏匿時間，有時已經留在定點一陣子的物件會比較容易被找到，有時則不然。玩一玩這個遊戲，看看狗狗的能力到哪裡，讓它成爲你和狗狗之間的遊戲，或成爲孩子們與牠玩的遊戲。繼續把玩具藏得好一點，讓狗狗眞的需要努力才找得到。

如同所有類別的狗狗訓練，你應該設法在狗狗還想繼續玩的時候就結束遊戲，如果讓牠一直玩到累了，牠可能就會對這個遊戲喪失興趣。在剛開始學習的初期階段，考量這一點特別重要。日後，當狗狗知道這個遊戲並且非常喜歡玩時，你偶爾可以讓牠搜尋到自己想停爲止。還要注意的是，有些狗狗只願意去找某個特定玩具，有些則覺得偶爾換個玩具（而非只用同一個玩具）會讓牠很興奮。

這隻幼犬不可置信地看著幫手把牠的玩具藏起來，但飼主放開牠時牠卻跳開。我們可以和年紀很小的幼犬玩許多搜尋遊戲，但是玩的時候需要時間較短、範圍小而且簡單，不可讓牠產生壓力。

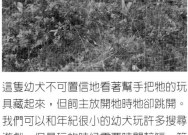

一個好玩的附加玩法

當挪威小朋友玩「尋找頂針」遊戲時，有時在尋找者接近頂針時會大喊「熱了！」，若遠離時則大喊「冷了！」。

你也可以和狗狗運用這個技巧，如果你總是在狗狗接近玩具時說「熱了！」，牠將學會更積極搜尋，聽到「冷了！」則反之。

請謹記：我建議你讓自己及狗狗先一步步完成所有八個步驟，等到牠眞的非常理解遊戲時，再加入這個附加玩法。

德漢姆與皮包

我已離世很久的朋友「德漢姆」是比利時牧羊犬，牠曾是認證搜救犬，非常喜歡尋找人們「遺失」的物件，牠受過嚴格的訓練，只要提示便會執行。有天我們在小鎮上散步，牠堅持要往路旁一處茂密灌木叢深處去嗅聞。我一直都很信任牠，在我意識到這對牠很重要時，我便解開牠的牽繩。牠在灌木叢裡四處翻找，鑽出樹叢時嘴裡咬著一個女用皮包，臉上像是帶著大大的微笑。皮包裡沒有值錢的東西，但有一些私人物品，我把皮包交給警察。

原來皮包的主人是位老太太，她前幾天被搶了，能夠找回皮包和裡面的東西讓她非常開心。

6

方塊搜尋

我把「方塊搜尋」稱爲尋找失物的藝術，對有些人來說它可能是競賽性的遊戲，也可能是事關重大的任務（視失物爲何），對我們多數旁觀者而言則極具娛樂效果。

想像你的狗狗在鄉野的場景裡，沿著一條路徑嗅聞，逐漸遠離你站的位置。牠移動得很快，積極搜尋，走到離你約五十公尺處再轉身回到你身邊。你對狗狗講些友善的話之後，你從原本的位置往旁邊站開幾步，叫狗狗再次去搜尋。牠再次開心地往前五十公尺後返回你身邊，回程途中牠突然停下來，然後往側邊移動幾公尺，把頭放低到灌木叢裡，接著衝回到你身邊，嘴裡咬著一塊布想交給你。牠以前學過你拿到東西會很開心，如同你即將給牠的雞肉報酬也會讓牠很開心。

以這種方式，你的狗狗將搜尋完整個五十平方公尺的野地。而你也可以完全地掌控，也有自信每一寸野地都已經被搜遍。沒有漏掉搜尋後頭的角落，也沒有留下被藏起來的物件。

莉莉（Lilly）看見有人拿著牠的玩具跑走了。稍後牠拿著被牠解救的物件回來，滿懷喜悅和對主人的信任。當然，牠將獲得超棒的零食。

方塊搜尋的步驟

乍看之下，方塊搜尋似乎和玩具搜尋很像。然而最大的差別在於，方塊搜尋藏起多個物件，而玩具搜尋一次只會隱藏一個。此外，進行方塊搜尋時，你對於狗狗前往搜尋的位置有較多的影響力，而且只在一個設定的有限區域裡搜尋。要把方塊搜尋做到最好，你需要系統性地一步一步做，並且以耐性和超級好料爲狗狗鋪路。

有些人跟我說，我對這個搜尋模式太過吹毛求疵。我猜想，是因爲我在搜救犬訓練和後來的掃雷犬訓練裡都用到這個遊戲。在兩者情境中，除了搜尋所有區域並找到所有東西以外，別無他法。即使我只是爲了好玩才玩這個遊戲，我教導這個遊戲的方法也和教導掃雷的方法一樣，只是調整爲較大、較粗略的搜尋系統。

如同其他遊戲，我把整個訓練分解成不同步驟，每個步驟是一個目標、一個里程碑。完整訓練狗狗進行方塊搜尋有八個步驟：

1. 建立狗狗的搜尋動機。

2. 鞏固狗狗的經驗，讓牠每次循著已佈置氣味的路徑／走廊／高速公路，就會在飼主面前發現有趣的事物，並且搜尋至設定的距離（小於或等於五十公尺）。
3. 教導狗狗了解口頭訊號的意義。
4. 教導狗狗不用看見物件被人放在野地裡也能搜尋。
5. 教導狗狗無論是否有氣味路徑也能搜尋。
6. 教導狗狗持之以恆地，從第一步驟做到最後一個步驟。
7. 讓狗狗理解，即使牠這次什麼也沒有找到，下一次一定找得到。
8. 概化這個遊戲，遇到任何環境和天氣都能玩。

看吧！你已達成目標了！

開始訓練需要的東西

初期你需要非常美味的零食、一些狗狗喜歡的玩具或物件，最好還有一個幫手。把這些帶到一個不受打擾的地方開始訓練。由於狗狗已訓練過拾回（還沒訓練拾回的話，請見第十四章訓練拾回的章節），所以牠的訓練早已開始了。即使狗狗還不懂拾回，你仍可以依照這些步驟練習，只是以零食代替玩具來做。這麼做的同時，另找時間密集訓練拾回行爲。

在初期學習的階段，我偏好以高價值零食來交換找到的玩具。對一些狗狗來說，先稍微玩一下玩具再給牠們零食會比較

這隻狗看起來足夠冷靜，留意觀察狗狗在看著幫手走遠幫你藏玩具時，是否變得非常不安。當幫手走回來時，他必須當心不能朝狗狗的方向跑過去，而是放慢速度，並且稍微走個弧線繞開狗狗。

如果你的狗狗在走近你時就會丟下玩具，試試蹲下或站著以側面對著牠。或許狗狗覺得你看起來高大有威脅？如果牠不會把東西拿給你，牠對你的信任很可能不足。

好，這裡的重點是玩具；不過要注意不要玩太久或玩得太瘋，因爲這麼一來會增加狗狗的壓力，因而有損學習成效。壓力荷爾蒙一旦到達特定臨界值，大腦就不再能夠學習或記得任何東西。避免丟出東西讓狗狗去追，保持做一些拔河或貓捉老鼠的遊戲。

第一步驟：動機

建立狗狗對這個遊戲的熱情就是本步驟的重點，關鍵是讓狗狗找的東西必須對牠非常具有獎勵效果，單純「願意咬住它」是不夠的。挑出狗狗最愛的玩具，如果牠對玩具並不熱衷，或許牠喜歡偷手套，若是如此，你應該願意犧牲一、兩雙手套。有的狗狗喜歡偷家裡小孩的玩具，你可能需要接受這一點，和孩子談談讓出玩具！

抓住狗狗的牽繩把牠牽住，你的幫手應該以左右迂迴的方式往前走，路徑寬度在兩至三公尺之間，這麼做會留下一條讓狗狗搜尋的氣味路徑。第一次搜尋的長形區域不應該太長，也許只有十至二十公尺。在幫手出發以前，讓狗狗看看他拿著什麼（此例是手套），也讓牠嗅聞，但不可表現出大驚小怪的樣子。我們希望狗狗好奇且專心，但最好不會太興奮。請注意，自己或幫手以左右迂迴的方式行走時，是否不易朝向同一方向前進。在長形區域兩側擺上一些三角錐或旗子作爲標示，是一個好點子。狗狗應該看著幫手迂迴行走，然後請幫手在空中揮舞手套後丟在地上，同樣以迂迴方式走回來。如此一來，你就可以創造出一條氣味路徑，協助狗狗前往手套的位置，同時避免產生一條直接通往手套的氣味足跡。初期我會使用同一條足跡往返，這對狗狗來說會比較容易。你可以自己、幫手甚或第三者，一起準備這條迂迴行走的搜尋長形區域。

最初幾次放開狗狗去搜尋時，不給予任何口頭訊號或口令。

在狗狗發現手套的當下，以冷靜的語氣稱讚牠。當牠把手套咬來給你，以準備好的零食與牠交換，或者和牠稍微玩一下再把零食給牠。此時不可以拖拖拉拉。

在這個最初期的階段，重要的讓狗狗在找到選定的物件時，代表會有一場眞正的盛宴。我家標準貴賓犬楚奧爾對我的某隻手套表現狂熱的興奮之情，有些狗狗則是會對啾啾玩具、球、布感到興奮開心，我的小戰士芬特眞心熱愛袖珍的貓咪玩具。了解你自己的狗狗，找出牠最喜歡的是什麼，日後等牠學會享受這個遊戲後，你就可以選擇其他不是那麼有趣的物件。

重複第一個步驟幾次（至多五次）後休息，如往常一樣，設法在狗狗的表現和動機還都很高時就結束。如果你的狗狗很累，縮短每回練習的時間，並且每次休息之間只進行一到兩次。

如果狗狗交還物件給你時表現出遲疑，找別的時間讓牠學習和你交換東西。你現在的重點是訓練搜尋，讓狗狗覺得搜尋很好玩。

第二步驟：把氣味路徑延長至五十公尺

這個步驟的目標是延伸在飼主正前方的氣味路徑，但現在是每次只多延伸五公尺，直至離飼主五十公尺遠。

雖然我們想要很快有進展，但是必須慢慢地做！做好訓練計畫，不要作弊或走捷徑，如果你想要狗狗有穩定的搜尋行爲，而且只在你的前方搜尋，你需要避免讓牠在太右側或太左側的位置意外找到物件。因此你需要善加策畫，避免任何物件留在它不應該出現的位置。要重質不重量。

繼續如同第一步驟般布置氣味路徑，並使用高價值的搜尋物件。

告訴狗狗「等待」指令，並在你或幫手走遠去藏物件時，牽住或拴住牠。隨著狗狗有了經驗後，你每次練習就把物件藏的位置往前多增加五公尺。大多數狗狗只要練習幾次後，就能夠成功找到藏在新距離的物件。如果每次增加五公尺太遠，可以縮短至三公尺、兩公尺，甚至一公尺。重點是不斷提升難度，但是挑戰的難度需要在可能成功的範圍內，要知道：克服挑戰的感受可刺激學習。

持續拉遠搜尋距離，直到達成距離五十公尺的目標，或狗狗讓你看到牠的極限少於五十公尺。即使初期你每次增加的距離必須較短，但一旦你的狗狗有了更多經驗，每次增加的距離就有可能稍長一些。

當狗狗很容易就能搜尋五十公尺，或者你或你的狗狗偏好搜尋短一點的距離，此時就可以幫這個遊戲取名了。

第三步驟：依口頭訊號去搜尋

此步驟的重點在於，教導狗狗依你給的口頭訊號開始搜尋。

我非常留意自己使用什麼字眼，作爲給狗狗的口頭訊號或訊息。我也會設法謹慎挑選加入口頭訊號的時機。除了我們說出的字眼以外，通常還有許多讓狗狗以爲開始搜尋的其他事物，其一是狗狗可能看到你或幫手走遠去藏物件。在你加入口頭訊號之前，你必須確保狗狗理解你要牠做什麼。舉例來

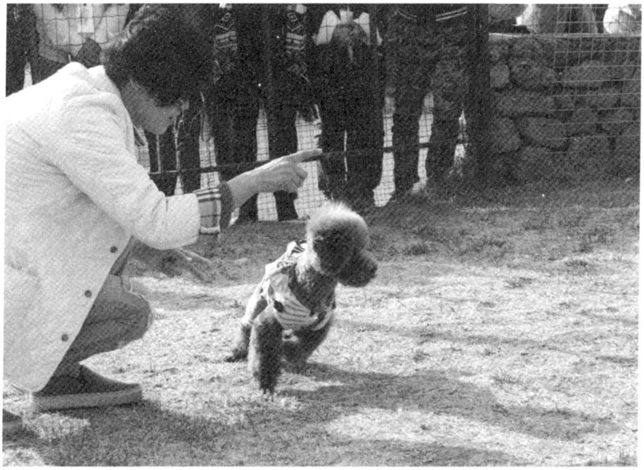

這隻小型犬對於飼主的訊號出現絕佳的反應。你可能會想選擇講出某個字眼，或像這位女士一樣使用手勢。實際上，我們大多數人都會在不知不覺間同時使用這兩種方式。許多狗狗似乎偏好視覺訊號甚於聽覺訊號。

說，你不會想在說出「方塊搜尋！」的口頭訊號之後，卻只能站在那裡看狗狗衝到溪裡去泡水。如果你不小心的話，學得快的狗狗可能在一、兩次重複練習之後，就把「方塊搜尋！」理解成去溪裡泡水。好消息是，如果你把這一步驟做對，再加上一些運氣，你的狗狗很容易會在一、兩次重複練習之後，就學會你想要的東西。

好的，你現在已經完成第一和第二步驟，而且狗狗也開心而穩定地搜尋。第三步驟其實只是重複第二步驟，但有一些小小的變化。

首先，像在第二步驟一樣，讓狗狗做一、兩次提升動機的搜尋，這一、兩次的搜尋不可耗費太久時間或難度過高，此時的重點是加入口頭訊號。選用狗狗喜愛的物件提供牠成功的機會，一旦牠完成這一、兩次暖身用的搜尋，牠再次成功的機率就會很高，現在便是加入口頭訊號的絕佳時機！

和之前一樣，做好搜尋準備，在你放開狗狗的當下說出：「方塊搜尋！」或其他選用的字眼。使用哪個字眼不是那麼重要，關鍵是它必須不同於狗狗學過的其他口頭訊號，而且你每次的發音需要一致，使用冷靜友善的語氣，不需要大喊或聽起來像是「下令」。

這次也很順利嗎？休息之後再繼續，此時可以省略提高動機的搜尋練習，直接跳到讓牠根據口頭訊號去搜尋。繼續這樣練習，先以一次提高動機的搜尋幫狗狗暖身，再讓牠依口頭訊號去搜尋幾次。

這樣練習三至五回（中間穿插休息）之後，狗狗很可能學會了口頭訊號（甚至可能更早就學會！）。現在應該休息久一點，然後你就可以準備繼續練習。接著來到第四步驟，讓狗狗開始進行方塊搜尋遊戲，但不要看見有人於搜尋區域放置物件。

如果你的狗狗在你第一次給口頭訊號之後沒有照做，請回到第二步驟一下子，在沒給口頭訊號之下玩遊戲，然後再嘗試第三步驟。如往常一樣，在狗狗仍然想繼續玩，當然也出現正確行爲時就結束遊戲。

第四步驟：搜尋沒有事先看到藏匿過程的物件

這個步驟是讓狗狗學習，在沒有事先觀看準備工作的情況之下，開始進行搜尋。

現在的重點是不再讓狗狗觀看藏玩具的過程，讓狗狗待在屋裡、車上或距離遠至牠看不見你做什麼的地方等候。如果牠沒有看見有人藏玩具，而且聽到口頭訊號就開始搜尋，此時你就知道口頭訊號對狗狗來說是否具有意義。

你沿著氣味路徑走，像之前一樣在長形區域範圍裡左右迂迴地走，再藏好一個狗狗最愛的玩具。隨著訓練進展，你要確保當你提高某件事的挑戰難度，你不會變動其他的影響因子，如果可能的話甚至把它們的難度降低。一次只訓練一個影響因子，因此如果你要做長距離的搜尋，請確保玩具沒有藏得太好。

這隻狗狗似乎已經看到玩具。第一次搜尋沒有關係，但是接下來你需要努力移除讓牠看到物件的機會，至少要讓牠走幾步才看得到才行。這個玩具是黃色的，狗狗很容易就能看到這個顏色。

如果在沒有看到藏玩具的情況下，搜尋成功了，好好獎勵狗狗，休息過後再搜尋一次。藏起來的玩具必須是非常好玩的。目前重複練習的次數寧願太少也不要太多。

如果狗狗沒做好，先回到第二步驟一下，然後做第三步驟，接著再給狗狗一次機會做第四步驟。

第五步驟：在沒有氣味路徑的情況下進行搜尋

這個步驟是讓狗狗學習在沒有氣味路徑協助之下進行區域搜尋。

在完成前面四個步驟之後，你知道你的狗狗很樂意依你的口頭訊號開始搜尋，所以現在可以讓狗狗在沒有氣味路徑的協助之下進行搜尋，這可能會是此項訓練最具挑戰性的步驟。

為了讓狗狗在沒有任何氣味路徑的支持之下成功搜尋，你需要計畫周全，好讓狗狗有成功的機會。最佳的計畫是依據你和狗狗共事的經驗，把要找的物件放在一個你知道牠能找到的距離。有些狗狗會衝到八至十公尺處再開始搜尋，若是如此，這便是你應該用來藏物件的距離；有些狗狗可能會一開始就搜尋兩、三公尺處，如果你的狗狗也是如此，你應該把物件放在這個距離。這裡的關鍵是讓狗狗信任你，當你說出「方塊搜尋！」時，即使長形區域範圍裡沒有氣味，也一定能找到某個物件。因此，你也應該選用狗狗喜愛的大型物件，有個容易的開始。

你可能已經注意到，你現在的挑戰是把物件放好，但不爲狗狗製造出氣味路徑。如果你丟東西的技巧很好，這就解決了你的問題，如果你不是很會，你需要發揮創意。因爲我們不想要留下通往玩具的足跡，所以至少需要能夠把玩具丟出一小段距離。你行走的路線可以和搜尋區域平行，然後把物件往側面丟到假想長形區域裡。或者你也可以繞一大圈，從後方接近再放下物件。

避免把物件放得太遠，因爲這麼做可能導致狗狗花太多時間搜尋不對的方向後，才來到物件位置。相反地，放得太近可能導致狗狗跑過頭而沒有發現它。如果你的狗狗在找到物件之前就走得太遠，自己以側步移動並且叫牠回來。設法避免讓狗狗像這樣亂找一通之後接著就找到玩具，所以這時移動的方向要讓狗狗不可能在回來時發現玩具。如果牠還是找到了，請表現得開心並且稱讚牠，然後要重新擬定訓練計畫。

如果一切如計畫般順利進行，獎勵狗狗後休息一下，準備好後再繼續遊戲。逐漸把玩具愈放愈遠，你的狗狗最終會穩定搜尋至五十公尺處，或任何你覺得有用的距離。依照第二步驟的相同程序，這可能只會持續幾回練習。留意黃金守則：每回最多重複三至五次。

進行得不太順利嗎？嗯，這不是狗狗的錯，所以你沒有理由對牠生氣。盡你所能調整接下來的訓練，避免重蹈覆轍。如果某件事出了差錯，停下來思考，導致失敗的原因是什麼？準備一項新任務，竭盡所能去除任何可能出錯的機會。有時逆著風做搜尋準備是不錯的點子，因爲這對狗狗有幫助。當你選擇利用風來幫忙，小心不要每次都這麼做，否則狗狗可能變得依賴這個幫助，這可能導致不樂見的困境。

選用的搜尋物件可以大一點，當狗狗走近可以看得到它，但是要確保狗狗在起點看不到這個物件。要記得狗狗的眼睛高度比你的低，有些灌木叢或草叢之類的植被有助隱藏物件。如果沒有這些植被，請謹慎挑選物件的大小、顏色和質地，可能的話讓它融入放置它的背景裡。

第六步驟：詳盡搜尋整個區域

本步驟的目標是提升精確度，教導狗狗從跨出第一步，一直搜尋到五十公尺遠。許多沾沾自喜的飼主相信自己的狗狗能夠穩定搜尋整個方塊區域，並且找出區域內的所有物件，包括自己和陌生人的物品。但是，如果要牠去找的物件就放在你面前的地上？許多人忘了針對這種情況進行訓練，於是狗狗學習跳過搜索區域裡最前面的幾公尺範圍，走了一公尺或三公尺之後才開啓搜尋模式。這有可能變成一個棘手的問題，它也不是你所訓練並且準備好應對的行爲，你要知道：不是刻意訓練出來的行爲才是日後棘手的麻煩。

要教狗狗從跨出第一步就進行搜尋，請注意牠通常從哪個點開始搜尋。多數狗狗有固定的模式：有些從三至十公尺開始搜尋，有些則可能衝到三十公尺或更遠處才開始啟動鼻子和大腦。無論你的狗狗是哪種模式，這就是你要開始的地方，唯有從這個點開始，你才可以開始縮短與物件的距離，讓狗狗不會衝過頭而錯過物件。

假設狗狗的模式是很快衝到十五至二十公尺才開始搜尋，好的，你就把物件放在二十公尺處，狗狗找到時稱讚牠。下一次把物件放在十八公尺處，狗狗找到時好好稱讚牠，第三次是十六公尺處，然後持續每次練習就縮短兩公尺，直到離起點只有四至五公尺。現在開始把每次縮短的距離變得更短，也許每次只減少短短的半公尺。如往常一樣，現在重要的是判斷狗狗在你改變距離之後，多快能夠成功找到物件。每回的練習都把期望拉高一點點，但是不至於使狗狗喪失動機。提供成功的機會並且給予挑戰，兩者就是你的工具。

我推薦去找有一些植被或其他東西的區域，讓你能夠藏東西，你就能選擇大型有趣的物件。如果區域裡的草很短或完全光禿禿，選擇一個被狗狗視爲高價值的物件，而且它不應該很容易被狗狗看見，需要用鼻子把它嗅出來才行，因此需要考量它的大小、顏色和材質。你也要選擇一個適合狗狗的區域，「高高的草」對吉娃娃和德國狼犬的效果就不同。

慢慢縮短與物件的距離，直到狗狗找得到你腳邊二十公分處的東西。這已近乎完美！一旦達成這個目標，就開始改變起點至物件的距離。不過要確保狗狗只會去你正前方，也就是兩、三公尺寬的假想長形區域裡搜尋物件。

第七步驟：搜尋沒藏物件的方塊區域

本步驟的目標是利用「無物件練習」（empty runs）讓狗狗更努力堅持，也更有動機。訓練目標是讓狗狗在沒有東西可找的區域願意進行搜尋。

其實來到這個訓練階段，你已經非常接近這個目標了。請記得：到目前爲止，你的狗狗每一次玩都會找到東西，除了少數幾次牠衝過頭錯過物件而沒完成任務。所以牠已經體驗過幾次沒找到東西的無物件練習，儘管如此，還是有必要以系統方式做無物件練習，讓狗狗即使在搜尋未果一段時間之後，還是有繼續搜尋的信心。我們希望狗狗信任你，當你說出「方塊搜尋！」就一定會有東西讓牠找，如果第一次找不到，下一次就會找得到。

爲了避免狗狗跑出搜尋區域，找到稍後練習才要使用的東西，你需要事先計畫好。一個不錯的做法是，事先把物件放在一條小路、馬路或其他看得見的地點上，然後讓狗狗從起點（之後將再次用到這個起點）出發，前往不同方向搜尋。當狗狗到達你訓練過的距離（五十公尺？），稱讚牠，把牠召回。現在你和狗狗都轉身，面朝你事先藏好物件的位置，再給予口頭訊號「方塊搜尋！」。如果你喜歡的話，依此做法可讓狗狗作放射狀搜尋，你只需要每次都往左轉（或往右轉）即可。

另一個變化玩法是讓風來幫忙。把一個玩具藏起來，確保你行走時以斜線方式切入風的走向，避免風提供任何我們不想看到的協助（例如氣味）給狗狗。此外，也要走得夠遠，才能避免狗狗在你依計畫安排好之前就找到玩具。給狗狗「方塊搜尋！」的口頭訊號

熊貓很喜歡玩方塊搜尋，牠會自願把玩具交給飼主，對於飼主的信心完全沒有問題！如果你仔細看，可能會看到熊貓少了一條後腿，牠用三條腿也能應付自如。

（提醒：這次是無物件練習！），當牠去到平常搜尋的最遠距離，稱讚牠後把牠召回。然後沿著通往物件的路徑移動幾公尺，來到你知道藏有物件的位置，風會把物件的氣味送至起點處的狗狗；給予口頭訊號後放開牠。當牠找到物件，和牠一起開心，如果牠找不到，再叫牠去找一次（僅此一次），休息一會兒或這天的練習就到此爲止。

在沒有任何物件可找的情況下跑了一圈後，你的狗狗需要在休息過後找到一些物件，也許三至四個，或者甚至十個。在此之後就可以再做無物件的搜尋。

叫狗狗去搜尋一個無物件的地方，如前述地，稱讚牠再把牠召回。現在移動幾步到一個新的起點，依然沒有可以找到的物件，叫牠去搜尋，如果牠搜尋得不錯就稱讚牠，一旦牠到了你設定的距離（五十公尺？）就把牠召回。好事皆成三，所以現在叫狗狗做第三次搜尋，你當然已事先藏好一個對牠特別寶貴的物件，並且藏在一個狗狗現在容易找得到的地方，但之前藏得較難。請記得你可以如何利用風的優勢，如第五步驟。

每當狗狗做過一次或更多次的無物件練習，牠需要一連串能夠找到物件的練習，才能確保牠的搜尋動機和找到東西的自信可以持續。

從現在開始，如果你願意的話，可以增加無物件的練習次數。不錯的練習目標是能夠進行四至五次找不著物件的搜尋，但是要觀察狗狗：牠覺得什麼才好玩？如果牠對於無物件練習感到不自在就別練習了，或者至少要減少練習。

當你變化無物件練習的次數，確保你不會一直增加難度。在狗狗連續克服三次無物件練習之後，提供牠一連串找得到物件的練習，然後只做一次無物件練習，馬上又是一些找得到物件的練習。像這樣不斷變化的練習，可以消除狗狗猜測會有多少次無物件練習的可能性。狗狗應該相信，每次你給了口頭訊號，某個地方應該就會有個玩具。

避免讓有物件和無物件的練習次數建立起模式，要做好訓練日誌。

第八步驟：概化搜尋

在本步驟裡，狗狗將學習在各類地面、各種環境，甚至各種天氣裡進行搜尋。

你即將獲得一隻訓練有素的方塊搜尋犬，僅存的唯一挑戰，是讓牠擁有在多種不同地貌或環境裡搜尋的經驗和動機。許多人在比賽時遇上難題，是因爲他們要求狗狗在不熟悉的環境裡表現。對於只習慣某種地面材質的狗狗來說，在草地上與在帚石楠灌木叢裡進行方塊搜尋是不同的，所以，要利用任何機會來改變你的訓練場地。一旦你的狗能夠面對一種環境類型，就要跳到另一種類型。每一次在新環境裡開始練習，就應該降低期望及要求，因爲它是全新的任務。在狗狗經歷過一些不同環境之後，牠將開始概化這個遊戲，你會看到牠適應每個新地點需要的時間愈來愈短。

去森林、公園、學校操場、工業區域、海灘、河邊、停車場，或任何你找得到的地方玩這個遊戲。你曾經在有動物和糞便的放牧地上，或附近玩這個遊戲嗎？你可以試試看，但小心不要驚擾到正在吃草的動物，狗狗也要扣上長牽繩，在這裡不應該冒任何風險。

天氣是許多飼主難以應付，或者會馬虎行事的另一個影響因素。你是否非常不想在下雨天訓練呢？因此你的狗狗可能完全沒有在雨裡搜尋或玩遊戲的能力，或者牠可能表現得很差，而我們卻會怪狗狗爲甚麼無法應付不同天氣！事實上，可能是「你」因爲天氣而逃避訓練，如果眞是如此，被雨困住時就在室內訓練狗狗玩其他遊戲。

幾年前，我獲得了一些寶貴經驗。當時德漢姆是我親愛的工作夥伴，牠在挪威是認證搜救犬，非常喜愛在雨中工作。我經常在雨天帶著零食和訓練裝備去森林裡玩方塊搜尋或氣味追蹤等遊戲，這是我刻意的選擇，想看看結果會如何，結果很成功。在牠短短的一生中，牠從來沒有因爲天氣差而喪失搜尋意願，如果天氣眞的對牠有影響，下雨可能讓牠變得更渴望工作，而非更不想工作。你可以自己試試！但有些狗狗確實非常不喜歡下雨，那你就可以挑別的遊戲在室內玩。

現在你已完成方塊搜尋的所有基本訓練，準備好綜合運用。至此，你應該可以布置一個包含多條假想長形區域的方塊搜尋區域。你之前已經建立好三公尺寬的長形區域，再叫狗狗前往十條鄰近彼此的長形區域進行搜尋，賓果！你現在有一個三十公尺乘以三十公尺的方塊區域。想要五十公尺寬的方塊嗎？好的，這代表會有十六至十七條長形區域。方塊的長寬取決於你如何訓練你的狗，試試看在日誌上寫下筆記。你現在記錄下來的狀態，可能是你自己爲該遊戲選擇的標準，或者你可以選擇再進一步訓練一些細節。祝你好運，並且獲得很多樂趣！如果你眞的遇上問題，請閱讀下文。

利用訓練日誌

訓練日誌除了是訓練時的有用工具，它也可能成為溫暖回憶的記錄本。在我的訓練日誌裡，我會記下：

- 日期
- 時間
- 天氣
- 在場的其他人犬
- 我們做了什麼
- 使用什麼零食或獎勵
- 目標是什麼
- 訓練狀況如何

- 下次的改進建議

畫個圖、素描一下，或者加入照片也可能不錯。現今的智慧型手機可能可以使用app，但在過去，用一本口袋大小的筆記本即可達成記錄目的。

方塊搜尋的疑難解答

那是高度動機，或單純是高度壓力？

許多狗狗看見幫手逐漸走遠去藏牠最愛的玩具時，會變得異常興奮，因此我的目標會是儘快結束以視覺提高動機的階段。對有些狗狗來說，甚至需要比我建議的時間更早結束這個階段。謹記：幫手應該做的是，讓狗狗對玩具產生最低限度的興奮度，只需要讓狗狗密切關注並且好奇當下發生什麼事。遊戲的重點在於讓狗狗仔細搜尋，專心一意在於眼前任務，並且迅速移動。壓力過大的狗狗可能跑得很快但無法專注，也無法回應你的口頭訊號。在高度壓力之下，牠可能容易忘記應該多做搜尋而非跑來跑去。太多帶狗的人錯誤解讀高度壓力的表現，以爲是高度動機。

此外，多項研究顯示，狗狗在喘氣時無法分析氣味，因爲牠的嘴是張開的。因此希望狗狗保持冷靜沉著的理由有很多。

如果你的狗狗很容易情緒激動，你會想要在訓練步驟裡早早就減少以視覺刺激動機的階段。請考慮在第一步驟之後馬上進入第四步驟，也就是把第四步驟變成第二步驟，然後只要依原本順序完成其他步驟，如此一來，你就可以避免讓狗狗觀看幫手拿著物件消失帶來的強烈情緒影響及壓力。

另一個解決狗狗容易因爲注視人或玩具消失而過度興奮的方法是，利用風和嗅覺引發遊戲動機，而非利用視覺。將喜愛的大型物件藏起來，再引導狗狗來到起點，由於風會直接從物件的氣味吹到狗狗身上，因此牠會從起點聞到玩具的味道。最初幾次玩的藏物距離應該相對較短，但你很快就能夠拉遠距離。

要知道：出現很多叫聲和跳上跳下的動作，不一定就是狗狗有高度動機的表現。

交還物件

有些人很執著於狗狗找到物件後要完美地交還給他們，對你來說，要不費力地讓狗狗把物件交到你手上有多重要？你可以接受牠把物件丟在你面前的地上嗎？在這裡，更重要的可能是覺得遊戲很好玩，那麼你就不需要太挑剔細節，這也是我認爲將物件交還給你，是你應該單獨訓練的細節原因之一。你可以在家裡、狗狗俱樂部，或在任何地方訓練，就是不要在玩方塊搜尋遊戲時訓練。應該不能把交還物件的過程看成搜尋物件的一部分，而是拾回行爲的一部分。要變換使用的物件：有大有小，有重有輕，有的軟，有的會讓狗狗比較興奮。確保狗狗的獎勵和你要牠交出的物件有同等或更高的價值，並要注意，判斷獎勵價值的是你的狗狗，不是你。一旦狗狗在其他訓練時間可以把交還物品做得令人滿意，你就可以開始在玩方塊搜尋遊戲時，要求牠有這種程度的表現。爲了改善狗狗交還物件的表現，你要把物件藏得很近，容易找到，不用擔心其他任何事，當牠正確交還物件時好好予以獎勵。你可以在方塊搜尋遊戲開始之前，先暖身交還行爲，在牠交還一些物件時予以獎勵，甚至可以使用與待會兒搜尋物件類似的東西做交還練習。

狗狗對於物件的渴望

建立狗狗對於物件的渴望，是跟方塊搜尋遊戲分開訓練的。進行這個遊戲時，你只放置你確定狗狗會樂於尋找及拾回的物件。要建立狗狗對於物件的渴望最好在家裡、院子、公園或某個狗狗感到安全又不受打擾的地方。收集各種你可以選擇的物件，你可以選擇的物件包括塑膠瓶、火柴盒、鈕扣、一塊布、

這是一些可讓狗狗學習尋找及拾回的物件。注意狗狗偏好哪些東西，在遇上難題、狗狗累了或你單純想讓牠開心時，就使用這些東西。

小藥盒、筆、貓咪玩具、茶匙、絨毛玩具、舊手套、一段電纜線、紙杯、襪子、茶包，或任何被狗狗啃咬也不會有害的東西。

把一個物件放在地板上，一旦你的狗狗對它表現出興趣，你就馬上獎勵牠。起初你可能必須把它拿在手上，再丟到地上，然後你再逐漸拉遠狗狗和物件的距離，等牠表現出更強烈的興趣時再稱讚牠。請參考鑰匙搜尋和拾回章節裡的步驟。

狗狗對幫手的依賴

如果你讓狗狗觀看有人藏玩具的過程持續太多次，你的狗就有可能變得過度依賴這樣的幫助。最好偶爾測試一下，看看如果狗狗沒有觀看幫手藏玩具，牠能不能成功搜尋到玩具。如果牠做不到，沒有關係，只要繼續讓牠觀看幫手做什麼，或你一直使用的任何幫助方式即可。繼續不時測試狗狗，判斷牠是否已經不再需要這類協助。

如同狗狗依賴觀看人藏物件的過程，狗狗也可能依賴風的協助。有需要時可以利用風，但也要經常測試，看看狗狗少了風的幫助是否仍能成功搜尋。如果你太常利用風，當狗狗在起點沒有聞到物件的氣味，牠可能就不去搜尋。在訓練過程中不時需要做些小測試，看看狗狗在沒有任何協助之下能夠做到什麼程度。偶爾可以讓你的狗狗逆風進行搜尋，對牠有可能成爲額外的動機，但是要小心不要做過頭。對於遊戲進展而言，推進太快的害處不亞於停滯不前。

完整的方塊搜尋遊戲和比賽

一旦你的狗狗（與你！）完全了解這個遊戲，你和狗狗可以從它獲得很多樂趣，你可能會想參與比賽，甚至參與實際搜救行動。來到這個層次，當有風的因素把氣味帶入區域內，我願意讓狗狗搜尋時有更多的自由，並且允許牠到搜尋區域之外很左側或很右側的地方搜尋物件。這其實是件好事，狗狗自己就有系統化搜尋的能力，狗狗天生的搜尋模式是一直繞圈，直到發現讓牠聞到氣味的東西，狗狗也能夠策略性地利用風作爲搜尋東西的工具。可以把任何比賽當成是評估狗狗能力以及人犬合作默契的測試。

即使你不參加比賽，我推薦你偶爾爲狗狗準備一個大小適合牠的完整方塊，爲了好玩或想測試牠的表現都可以。請朋友幫你藏物件會更好，因爲這樣子你就不會知道要找哪種物件，或者它藏在哪裡。現在你將看到狗狗是否能夠找到每個物件及搜尋整個區域，而且你也將了解狗狗搜尋時如何利用風，以及你和牠的團隊合作默契。記錄任何遇到的挑戰，有需要時設法改善狗狗的表現，也要在下次測試之前另找時間訓練細節。當然，你也要記下所有讓你感到滿意的地方。

如果狗狗想要在方塊範圍裡自由搜尋，允許牠這麼做。如果有需要，你永遠可以把牠召回來，讓牠直接往面前五十公尺內搜尋。不用我們訓練，狗狗也有能力做系統式搜尋，而且依據你系統性訓練的所有時光，應該會帶來你想要的成果。運用這兩個搜尋系統，你和你的狗狗將能夠有效搜尋區域，你將看到狗狗找到你「遺失」的東西時有多麼開心滿足。

在每次完成自由搜尋後，你可以再做幾次計畫性的系統式搜尋，由你主控。

塔古（Tacu）拯救了我們的訓練場

在我擔任挪威雪崩搜救犬協會（Norwegian association for avalanche dogs）領犬員期間，我是家鄉一個小型訓練團隊的成員。當時我們這個團隊有多隻A級認證的搜救犬。

我們最常使用的訓練區域之一是一塊政府的林地。在駝鹿狩獵季節，有些獵人明顯不喜歡我們的存在，即使我們通常是在獵人不在的時候去那裡。

在我們考慮移地訓練時，我們的一隻狗拯救了我們。羅威那犬「塔古」出外搜尋，回來時嘴裡咬著一台VHF無線對講機。由於這發生在早些年以前，

當時這種對講機相當昂貴。塔古發現它，認為它是「人類的東西」，便把它撿起來交給「爸爸」，這樣牠可能會獲得零食！對講機沒有損壞，塔古的飼主把它還給獵人。

下一次我們在森林裡遇見獵人時，他們熱情地和我們打招呼。

7
爲狗狗的玩具取名字

除了玩具搜尋或方塊搜尋以外，有個好玩的遊戲是教導狗狗依名字尋找特定玩具或物件。做法是這樣，在屋裡、花園、公園、樹林的某處放下「泰迪熊」，然後給狗狗口頭訊號去找「泰迪熊」。你的狗狗可能搜遍整個房子，沿途經過其他玩具：但現在只有泰迪熊，其他都不重要。你可以把泰迪熊藏起來，或者就讓它留在之前放的地方。

如果這聽起來像是你想讓愛犬能夠做到的事，即使這個行爲稍微進階一點，也沒有乍看之下那麼難。只要依本章的指示一步步去做，你很可能會發現狗狗學得比你想像的還要快。

牠是否做了正確的選擇？剛開始玩這個遊戲時，使用狗狗最愛的玩具可能會是聰明的捷徑。

芬特正在學習小網球的名字——「球利」(Ballee)。最初兩次我允許牠看著我藏球。照片裡，我們已經進展到從四個玩具裡選擇，目標是要從這些玩具裡挑出球利。

爲狗狗玩具取名的步驟

選擇一個狗狗喜愛的玩具或物件，在訓練的初期步驟裡使用同一個玩具。只用這個物件教會第一個名字之後，再嘗試教另一個玩具的名字。爲了說明的目的，我將使用已經取名爲泰迪熊的玩具作爲第一個玩具，你當然可以自由選擇任何類型的玩具，但其實這件事應該要問問你的狗狗才是！

第一步驟：把泰迪熊呈現在狗狗面前，逗牠來咬。當牠一咬住泰迪熊，你就以溫柔鼓勵的語氣說「泰迪熊」，並且開心地稱讚狗狗，與牠玩這個玩具作爲獎勵。重複兩至三次。

第二步驟：這次你將不在狗狗面前拿著泰迪熊，而是把它放在地板上。如果你的狗狗沒有立刻咬住它，就把泰迪熊丟到離狗狗不遠處來逗牠，或者用它來玩貓捉老鼠的遊戲。當狗狗一咬住泰迪熊，你就再次說「泰迪熊」，稱讚牠並且拿它玩一玩。連續重複一至三次。

第三步驟：做第一個小測驗：在你輕拉住狗狗胸背帶時，把泰迪熊放在狗狗看得到但剛好搆不著的地上，放開牠的同時說「泰迪熊」！如果牠馬上去咬泰迪熊，牠可能已理解這個名字的意思。連續重複一至三次。確保在狗狗出現最好的預期表現時結束練習。

狗狗一旦通過這個小測驗，即可進展到其餘步驟。

第四步驟：到了把泰迪熊放在狗狗視野以外的時候。要求狗狗等待、把牠栓起來或請人牽著，先讓牠看一下泰迪熊再出發去藏它，藏在椅子後面、門後方或轉角另一側。它應該只是放在狗狗看不到的地方，但不應該特別難找。回到狗狗身邊後放開牠，當牠找到泰迪熊就開心稱讚牠。此時加上口頭訊號仍爲時過早。唯有這個步驟進行順利時，接下來才開始加上口頭訊號，而且此後每次都要使用口頭訊號。如果你的狗狗在你說「泰迪熊」時沒有跑出去找玩具，退回第二步驟。這個步驟要重複一至三次。

第五步驟：現在我們提高難度：把泰迪熊藏好一點，讓狗狗必須更積極搜尋才能看到玩具。你可以把泰迪熊藏在靠墊下方或在家具後面，這樣狗狗就需要利用鼻子才找得到它。小心不可以藏得太難，因爲你不會想要狗狗放棄。要非常緩慢、一小步一小步地提高難度。如果某個藏點太難，再給狗狗一次機會，確保牠此次一定會成功，接下來狗狗可能需要休息一下。別忍不住就幫狗狗解決任務；這只會讓牠學會放棄是有好處的。

重複此步驟一至三次。

第六步驟：現在是眞正的挑戰；狗狗將設法學習區分泰迪熊和其他玩具。把泰迪熊和一、兩個玩具放在地上，說出「泰迪熊」，然後讓狗狗自己找。狗狗應該能夠看見所有玩具，而且玩具之間很接近。你要聰明點，將泰迪熊放在最接近狗狗的位置。如果牠現在選對了，這個訓練幾乎就完成了，恭喜！如果牠選錯了，不用擔心，忽略這個小錯誤，退回第三步驟，從那裡再次依步驟練習。如果你的狗狗咬起其他玩具，你要看向其他方向，避免收下、碰觸或拿它來玩。這時牠可能會丟下錯誤的玩具，繼續搜尋。當牠去嗅聞或碰到了泰迪熊，請熱烈稱讚牠，然後讓牠休息一下。如果牠把錯誤的玩具交給你，你可收下但不要給予稱讚或關注。如果你運氣不錯，牠現在就會去拿泰迪熊。

重複此步驟，同時不斷變換泰迪熊和其他玩具的位置，直到狗狗能夠輕易挑出泰迪熊，而不是周圍的玩具。逐漸增加分散注意力的玩具數量。訓練初期時，使用狗狗最愛的玩具作爲干擾可能太過誘惑，所以請選用一些較不吸引牠的玩具。

第七步驟：一旦狗狗學會區分泰迪熊和其他玩具，你可以在屋內或院子裡藏好幾個玩具。叫狗狗去找泰迪熊，當牠帶著正確的玩具回來，表現出非常開心的樣子。如果牠咬回來的玩具是錯的，退回第六步驟。要知道，當狗狗開始感到疲累或緊迫時就容易出錯。每回的練習時間短短的就好。

第八步驟：如果你希望讓遊戲更具挑戰性，可以把泰迪熊和其他玩具帶到不同的環境，而且在每個新地點完成上述所有步驟。你可以在花園、公園、工業區、森林或任何地方玩。你可能會發現，你在每個新環境完成所有步驟的速度會比之前快。

第九步驟：現在牠知道泰迪熊的名字了，你可以教牠更多玩具的名字。對每個玩具都採取完全相同的步驟。選擇聽起來各自不同的玩具名字，對狗狗來說，「巴非」和「弗巴非」可能聽起來一樣。

第十步驟：剛開始學習新的玩具名字時，狗狗可能很難不去找泰迪熊，所以你現在可能需要讓泰迪熊休息，選擇使用其他還沒取名、比較中性的玩具。一旦牠學會新的玩具名字，例如球球，你就可以把球球和泰迪熊放在一起，稍微花些心思，確保狗狗一開始就做出正確選擇。一個可能的好點子是，把你即將叫狗狗去拿的玩具放在離牠較近的位置，但是你應該很快能夠隨意擺放兩者的位置。現在不可做得太過頭，如果你連續做太多次練習，你的狗狗可能會容易搞混而犯錯。勇敢地停下練習，要記得：少即是多。

另一個方法也不錯，就是在狗狗玩玩具時觀察牠，當牠咬玩具時就說出玩具的名字，然後馬上開始和狗狗一起玩玩具，稱讚牠。幾次之後，牠可能便學會哪個玩具是球球、泰迪熊、虎虎等等。

狗狗似乎喜歡和自己長得像的狗。這隻狗狗是我家超棒的芬特，牠最愛的玩具是隻非常擬真的柴犬。

為何不教狗狗你的拖鞋叫什麼名字？想像一下，當你需要拖鞋，狗狗就把拖鞋咬來給你。

聰明的瑞可（Rico）

在一個德國舉行的工作坊上，學生談及一隻近期上過電視的狗。這隻名叫瑞可的年輕邊境牧羊犬受了傷，需要靜養幾個月。這對邊境牧羊犬來說很不容易！牠的照顧者顯然非常懂得利用資源：他們開始訓練牠的腦子，而不是牠的腿。思考比奔跑更令狗狗感到疲累，所以這隻年輕邊境牧羊犬學會了牠所有玩具的名字，還不止如此。到後來，牠被帶去找德國大學伯米林教授（Professor Birmelin）等人，學會大約兩百個不同物件的名字，講了名字牠就能把玩具拿來。最令人興奮的是，當有人要求牠去拿某個牠從未學過名字的東西，這個不知名的物件和其他十個已知名字的物件放在一起。當瑞可被要求去找一個牠從未聽過的玩具，牠必定運用了消去法，最後拾起了正確的物件。超棒的！

聰明的威士忌（Whisky）

許多狗狗已經學會很多玩具的名字，包括來自挪威的威士忌。牠學過大約六十樣東西的名字。義大利動物行為學家克勞蒂・富加扎博士（Claudia Fugazza）拜訪過威士忌，進行了一些伯米林教授用來測試瑞可的相同測試。威士忌似乎和瑞可一樣聰明。（威士忌的飼主曾寫了一本書，但我想它只有挪威文版本，很抱歉！）

因此不需要猶豫，來試試吧！看看你的狗狗能學會幾個名字？

8

找到媽咪的鑰匙
或任何可能遺失的東西

想像一下，帶狗散步之後你站在車子旁，你和狗狗又累又開心，不過，車鑰匙呢？天色愈來愈暗，而且走路回家太遠了，你該怎麼辦？沒錯，只要叫狗狗原路折返，設法找到鑰匙。當然，牠會找到後拿回來給你，超棒的，不是嗎？

巴弟找到媽咪「遺失」的鑰匙，安全地把鑰匙銜回來給她。多數狗狗非常清楚哪些物件是家人的所有物，所以很快就學會玩這個遊戲。

這隻狗狗把鑰匙咬在嘴裡拾回來，而另一隻狗狗找到鑰匙後可能會站在那裡讓你知道位置，甚至開始吠叫召喚你過來，這些方法都可以用來找到你的鑰匙。有些狗狗不喜歡嘴裡銜著東西，有些則喜歡以叫聲代替銜物。吠叫是個很棒的標記行爲，我們在下一章〈失物拾回〉將深入探討吠叫行爲用於拾回訓練的部分。

綜觀找回遺失的鑰匙

你的狗狗不用太費力就能學會這個遊戲，而且它也是很好玩的把戲。訓練完成後，你可以請狗狗在地上的一堆鑰匙裡找到你的鑰匙，讓朋友留下深刻印象。想試試看嗎？以下是教導這個遊戲的幾個要點，快來了解！

- 建立狗狗對鑰匙的興趣
- 學習忽略其他的鑰匙，或其他可區分出來的氣味
- 口頭訊號
- 標記行爲
- 實際上場——眞正的搜尋

尋找遺失鑰匙的訓練步驟

第一步驟：讓狗狗對你的鑰匙（或其他你容易弄丟的東西）產生興趣！

建立鑰匙和零食（或某樣狗狗極愛的東西）之間的強烈正向連結，狗狗就會對鑰匙產生興趣，以下是方法：

- 一開始，在狗狗面前拿著鑰匙，在牠去嗅聞鑰匙的瞬間給予稱讚和零食，重複一至三次後休息一下下。在拿出鑰匙之前，把它藏在口袋裡或放在身後。
- 接下來把鑰匙拿出來讓狗狗嗅聞時，緩慢放低鑰匙往地面接近。每當狗狗嗅聞鑰匙，繼續給予稱讚和零食，重複一至三次後休息幾分鐘。
- 現在，把鑰匙放在地面。一旦狗狗嗅聞鑰匙就大肆稱讚並丟出一塊零食，讓狗狗必須遠離鑰匙才能拿到零食。這可能會使狗狗興奮片刻；只要等著看狗狗是否會自己回去鑰匙處，不可出聲，安靜等待。如果牠再次嗅聞鑰匙，稱讚牠並給予零食，然後拿走鑰匙，休息。如果牠對鑰匙沒有表現出任何興趣，直接拿走鑰匙，休息即可。
- 休息過後，再次從第一步驟開始，然後進展至第二和第三步驟。你也許需要換成更棒的零食？對有些狗狗來說，你需要讓鑰匙消失，讓牠看到眞的有個需要解決的問題。此時有幫手可能很有用，這個人可以「偷走」鑰匙，並且把它「遺失」在靠墊後方、草叢或任何狗狗看不到鑰匙的地方。

重複第一步驟的所有階段，直到你的狗狗會自願走向鑰匙。每當牠做錯，給牠一次新的機會，設法在牠有點成功的樣子時就結束練習。避免說「不對！」或給予其他形式的糾正或處罰。

再次提醒，結束練習的時間宜早不宜晚。練習次數永遠不會太少，但是你很容易就會要求狗狗做太多。

第二步驟：區辨氣味：只搜尋你的鑰匙。教導狗狗，唯有你的鑰匙才重要，其他鑰匙不要緊。

此時你需要有幫手，因爲狗狗必須學習只撿起你的鑰匙，這表示你不能碰觸你希望狗狗忽略的其他鑰匙。一旦你碰觸其他鑰匙，它們就會有你的氣味，對狗狗而言，你的鑰匙和其他鑰匙的區別可能就不是那麼明顯，我們會說這些鑰匙被飼主氣味污染了。

- 把你自己的鑰匙放在地上，並且請幫手把他的鑰匙放地上，相距約六十公分，讓狗狗可以同時看見它們。擺放方式可以讓狗狗自然而然就會先搜尋到你的鑰匙。要專注在狗狗身上，當牠選擇你的鑰匙，你才能夠馬上在牠還沒有走掉時予以稱讚，不可等到牠離開你的鑰匙，去聞其他鑰匙時才反應。甚至只要狗狗對正確的鑰匙出現任何關注反應，你就可以稱讚牠。
- 假如你的狗狗選擇錯誤的鑰匙，予以忽略，重新布置新搜尋時，設法減少讓牠重蹈覆轍的機會。
- 不要期待狗狗現在就出現你想要的標記行爲，無論是吠叫、用腳撥抓或拾回，目前只要牠能做出正確選擇即已足夠。如果沒辦法做得正確，回到第一步驟重頭開始練習。把這個階段重複一至三次，出現最佳預期表現時就結束練習。

- 爲了教導狗狗正確選擇鑰匙，請開始變化兩串鑰匙的相對位置：兩者並列、把你的鑰匙放在後面等等。每次搜尋都要小心變化相對位置，因爲若有可能，狗狗即能學會作弊；除了你自己的鑰匙之外，請小心不要碰其他鑰匙。重複練習，直到狗狗相當容易就能撿起你的鑰匙，忽略你朋友的鑰匙。
- 現在開始使用三串鑰匙，只有一串鑰匙是你的，其他兩串來自朋友或訓練同伴。繼續忽略任何對錯誤鑰匙的反應，並對正確的選擇給予稱讚和玩耍（或零食）。

這隻小狗狗選擇咬起手套而非鑰匙。有些狗狗不喜歡金屬碰撞聲，那麼手套可能是你最佳的選擇。

重複這個階段，直到狗狗能夠輕易從三串鑰匙裡挑出你的，牠可能只要練習一次、兩次或三次就能成功。

- 你應該逐漸增加讓狗狗選擇的鑰匙數量（通常進度會比你預想得快）。你很可能發現，使用六串鑰匙沒有比使用三串鑰匙難太多，但如果有些鑰匙屬於你的家人則可能較難。
- 一旦鑰匙的數量不再是挑戰，可以變化鑰匙之間的距離。設法把不同的鑰匙串放近一點，直到所有鑰匙彼此接觸。到最後，你的狗狗將能夠從完全覆蓋住你的鑰匙的鑰匙堆中找出你的鑰匙。或試試把鑰匙放得相隔很遠，讓這次練習成爲眞正的搜尋。

這裡有一大堆鑰匙，這個挑戰絕對沒有你認為的那麼困難。

第三步驟：加入口頭訊號。目標是在你給予口頭訊號之後，狗狗即開始搜尋你的鑰匙。

你需要有一個方式和狗狗溝通，意思是「哎呀，我丟了我的鑰匙，請幫我找」。至此爲止，你的狗狗一直看著有人放置鑰匙的過程，這便是要狗狗去搜尋的訊號。少了觀看的部分或沒有另一個訊號，狗狗將無法了解你要牠找你的鑰匙。一旦你對於狗狗只會去搜尋你的鑰匙感到很有把握，你就可以幫這個遊戲加上一個口頭訊號或手勢。選擇一個沒有用於其他行爲的字眼或手勢，每個搜尋遊戲一定要有各自獨有的名字。我只簡單說「鑰匙」，這對我們就夠用了。你想說什麼都可以，但是要簡短。

準備一項如同第二步驟的簡單任務，在放開狗狗去搜尋的當下，以友善的聲音輕聲說出口頭訊號，只需說一次就夠了（如果你選擇手勢就只做一次）。重複此步驟三至四次後休息。練習幾次後，狗狗將學習到口頭訊號和遊戲之間的關連性。目標是你一給這個口頭訊號後，狗狗就會馬上開始搜尋你的鑰匙。

此時，假如你和你的狗狗已經同意用某個標記行爲，狗狗即已完成鑰匙搜尋的所有訓練。牠可能在進行前述步驟的過程中已經出現標記行爲，牠可能會選擇撿起鑰匙、用腳用力撥它或坐在鑰匙上頭。如果你還沒有發展牠的標記行爲，請依以下的第四步驟進行。

第四步驟：標記行爲：和狗狗有共識，當牠找到你的鑰匙將會表現什麼行爲。

你的狗狗需要有個方法告知你牠找到什麼，位置在哪裡，這就是標記行爲。

你想要狗狗把鑰匙拿回來給你、用腳撥弄鑰匙，或者你想讓牠吠叫？你可以自己決定，但是最好的過程是觀察狗狗，然後接受牠選擇表現給你看的行爲。允許狗狗自己發展出標記行爲，可能會爲你和牠帶來更多玩遊戲獲得的喜悅。許多狗狗在玩這個遊戲的步驟中，會自發地開始出現拾回行爲。

如果你希望訓練特定的標記行爲，現在便是開始的階段。你也可以選擇在第三步驟加入口頭訊號之前訓練這個行爲。

在此階段，當狗狗嗅聞鑰匙，開始晚一點點再稱讚牠。第一次等個半秒鐘，然後逐漸等得愈來愈久，你這時可能會看到狗狗開始出現標記行為。有些狗狗會用一隻或兩隻前腳去拍打鑰匙，如果你喜歡這個行為，當牠這麼做就稱讚牠，重複幾次（最多五次），然後休息。如果你對狗狗拍打鑰匙的行為很滿意，請跳到下一步驟（第五步驟），不然請繼續以下練習：

- 如果你希望你的狗狗撿起鑰匙（把它們拿回來給你），請繼續這麼做：愈來愈晚給予稱讚，讓狗狗把鑰匙撥來撥去，抓一抓或隨便做什麼。密切注意牠，一旦牠的嘴巴或牙齒有任何接近鑰匙的動作，就給予稱讚和零食。逐漸地，你的狗狗會明白，重要的是口鼻而不是腳。重複兩、三次（最多五次）後休息。
- 繼續仔細觀察狗狗的口鼻：如果牠在鑰匙附近張開嘴，請大肆稱讚及餵食。你現在需要密切注意，而且要抓準時機。有些狗狗較容易銜起東西，有些則不然。如果你是個幸運的飼主，狗狗自己即會自發咬起鑰匙，你即達成目標，可以進展到下一步；若不是的話，你就繼續密切注意狗狗，有任何碰觸或咬鑰匙的動作就稱讚牠。多數狗狗遲早會了解這一點，要有耐性，重複練習，每回練習一至三次，每回之間穿插休息時間，直到狗狗撿起鑰匙。

此時可能發生的是，因爲你沒有用之前的方式給予稱讚，狗狗會感到挫折而更加努力。但是如果你等得太久，牠可能會太過挫折，完全喪失興趣，並且可能全然放棄走掉，在此之間取得平衡可能不容易卻很重要。倘使你運氣不佳，等得太久而使狗狗喪失興趣，好好休息一陣子，回到第一步驟開始，重新進行每個步驟，甚至可以考慮使用更好的零食作爲獎勵。不會有什麼大的問題，只是稍微浪費一點時間。

如果狗狗玩不同搜尋遊戲時表現某個特定標記行爲，對你來說很重要，你應該事先訓練好這個行爲。狗狗對此行爲的訊號需要出現開心、穩定可靠、精確達成且已概化的反應，然後你才能夠開始在鑰匙搜尋遊戲裡請牠出現這個行爲。關於訓練標記行爲的詳情請見第十三章〈氣味分辨〉。

這隻狗狗年紀輕，對生命充滿喜悅，牠選擇的標記行為充分表現了這一點：興高采烈地把鑰匙拋入空中！我愛這類自發出現的標記行為。

第五步驟：實際上場，在現實生活裡的實際情境進行搜尋，依然能夠選擇正確的鑰匙。

現在該是在狗狗沒看到的狀況下藏鑰匙的時候了，這樣牠就需要在不知它們在哪裡的情況下進行搜尋，如同現實發生的情況。

- 我推薦剛開始練習時，回到只有兩串鑰匙的挑選情境。兩串鑰匙相距九十至一百二十公分，放置的位置離你們夠遠，讓狗狗看不到鑰匙。使用你的口頭訊號請狗狗搜尋鑰匙，密切留意，一旦牠碰觸你的鑰匙就予以稱讚。如果牠很難選到正確的鑰匙，先只用你的鑰匙練習一、兩次，然後請朋友或幫手再次放下他們的鑰匙，如果這樣沒有幫助，回到第三步驟。如果一切順利，重複一至三次。
- 現在增加鑰匙之間的距離。把鑰匙放在狗狗視野以外的地方，但是確保你看得到發生什麼事。讓你的狗狗在不受干擾的情況下進行搜尋。如果你過度鼓勵或稱讚狗狗，就有可能讓牠分心。就不要管牠，讓牠專心，如果牠選錯鑰匙，從第三步驟重新開始。重複練習，直到你的狗狗輕易找到你的鑰匙，拿回來給你或者如第二步驟出現標記行為。

- 一旦這部分進展得不錯，就逐漸增加鑰匙的數量，你可能會發現每次可以增加的鑰匙數量驚人地多。
- 最後一個挑戰是，拉遠你請狗狗開始搜尋的位置和可能找到鑰匙的位置，這個距離也應該逐漸增加，直到達到你和狗狗都開心的程度。十公尺或甚至一百公尺都可能一樣好玩，這當然取決於你和狗狗，以及你們喜歡如何一起玩這個遊戲。

請謹記：每次練習永遠只改變一個變數：走到鑰匙的距離、鑰匙數量或鑰匙之間的距離，如果狗狗需要經過許多其他鑰匙才能抵達正確鑰匙之處，解決這個任務的難度就可能較高，牠可能出於挫折而選擇隨便拾回一串鑰匙，單純有交待就好。提供短時間的練習，這樣你永遠會在狗狗覺得累了或有壓力之前就結束訓練，因爲這時候牠最有可能犯錯。

假如鑰匙上帶有鑰匙圈，要知道你的狗狗有可能以視覺區分不同鑰匙，而非以氣味。有些鑰匙的鑰匙圈大又有趣，或者還有個幸運掛飾，但有些鑰匙完全平淡無奇。要測試狗狗是否用眼睛找到正確的鑰匙，你可以把最吸睛的東西拿掉。從另一方面來看，扣上一個小小的絨毛玩具，或容易讓狗狗咬住、銜著的東西也是個好點子。問狗狗要什麼吧！

永遠要意識到，你的狗狗一定會用最容易的方式解決任務。

有掛件的鑰匙可能會讓狗狗比較想要咬它並銜著。

聰明的艾傑克斯（Ajax）

我們太常低估狗狗的表現能力，完全無法理解牠們的嗅覺有多厲害。艾傑克斯是隻瑞典牧牛犬，牠當時正在學習找媽咪鑰匙的把戲。顯然在人類明白牠有多聰明以前，牠早就理解重點是什麼，很快學會找到媽咪的鑰匙再交給她。當他們呈出兩串鑰匙，預期牠會忽略「錯誤」的鑰匙，牠毅然決然地撿起幫手的鑰匙，拿去交給幫手，然後才去撿起媽咪的鑰匙，再交給她。

9

失物拾回

本章的目標是讓狗狗學習撿起手套、皮夾或任何你在散步時遺失的東西，並把它帶回來交給你，這對狗狗來說眞是個兼顧運動及身心刺激的誘人方法，不是嗎？結果你的狗狗散了兩次步，第二次散步時忙著完成特定的搜尋任務，眞的是雙贏的情況，更棒的是：這件事甚至不會太難做到，不過你的狗狗需要能夠拾回。假使牠還沒有訓練拾回，請先讀第十四章再回到這裡。

最初幾次訓練這個遊戲時，選用一個狗狗非常喜愛的玩具或物件，日後在你知道狗狗願意拾回時，就可以選擇使用任何東西。

綜觀失物拾回：

- 搜尋動機
- 藏起或遺失的物件
- 學習口頭訊號

• 測試口頭訊號是否有效
• 增加搜尋的距離
• 解決沿途的困難

這是我常在步道或馬路上玩的遊戲。這裡的泥土路很理想，沒有人車經過。飼主牽住狗狗，幫手丟下物件，然後和狗狗一起往前走幾步。最好在狗狗瞄一下飼主，似乎不解：「不對吧？我們真的要留下寶貴的東西走掉嗎？」時，當下就把牠放開。

失物拾回的步驟

第一步驟：建立玩遊戲的強烈動機

開始時，沿著一條不會有人車或其他干擾的步道或馬路，用牽繩和狗狗一起散步。拿起玩具，給你的狗狗看看，然後在牠面前把玩具放在步道上（不可用丟的），位置在牠剛好搆不著的地方。牽住牽繩，防止牠去咬玩具：牠可以看，不能碰！你唯一可以限制牠的方式就是牽住牽繩，你不能說「不可以！」或「別碰！」或諸如此類的話。你並不是要禁止牠咬玩具，只是要牠稍微等一下。

在距離玩具幾步遠的地方邀請或逗弄你的狗狗。如果太難做到，轉身走回原處可能會比較容易。在狗狗依然全神貫注在玩具上時，你把牠放開，讓牠跑去拿玩具，慶祝時刻！不用擔心第一次練習的距離只是一小步，一次次地，你的狗狗將逐漸學會遊戲規則，當你想要多遠離寶物一點，牠就能夠接受。最後以高價值零食交換玩具。

最初幾次練習裡，當你放開狗狗，不要給予口頭訊號或口令。一旦你判斷狗狗能以你想要的方式玩遊戲，你便可以加上口頭訊號或口令。

玩過一次之後，繼續在步道上散步幾分鐘，允許狗狗嗅聞及慢慢走，把玩具放在你口袋裡。然後你可準備再次練習。你仍然應該讓牠看著你丟下玩具。現在每次玩都應該多增加幾公尺（或幾步）的距離，然後才讓狗狗跑回去找玩具。

此時只要連續玩幾次就好，然後讓狗狗休息久一點，讓牠冷靜下來，暫時忘掉這個遊戲，然後再重複二至三次。爲了確保狗狗玩遊戲所需的熱衷度，你一定要在牠還想繼續玩時就停止遊戲。

你可以重複第一步驟三至四次，然後再進行下一步驟。

這位牽狗者設法在拉巴沒注意的時候丟下玩具，而且它的顏色融入步道的色調，所以不會很顯眼。

第二步驟：看不到的玩具

依然要讓狗狗看著你丟下玩具，但現在你要稍微走遠一點，在狗狗看不到的地方這麼做，然後才放開狗狗。選擇的地方可以是步道的轉彎處、有些植被或是某個妨礙玩具可見度的地方。接下來，每次玩就拉遠些距離，範圍可能落在大約二十七至五十五公尺之間。多快可以拉遠距離取決於狗狗找到玩具的成功率，如果你在馬路上，也許繞過一個緩彎道再丟下玩具會比較好。在放開狗狗之前，和緩地讓自己和狗狗轉向，面朝著物件，然後再放開牠。

拉巴走了幾步後，眼睛瞄到了牠的玩具，牠就飛撲過去！快樂就是找到自己的泰迪熊。

第三步驟：學習口頭訊號

現在你的狗狗已經有能力在沒看到物件的情況下出發去拾回遺失物品，這便是加上口頭訊號的時候！我對自己的狗狗選擇用挪威話「泰伯特」，意思是「遺失」。選一個對你來說有意義的字，而且它聽起來不同於其他對狗狗使用的訊號。當狗狗出發玩這遊戲的當下，以清楚友好的方式說出這個字眼，也就是在放開狗狗的同時說出口頭訊號。

爲了確保這個口頭訊號對狗狗開始代表某種意義，要多次重複此步驟，八至十次應該足夠，甚至可能不需要那麼多次。不過請注意：並不是連續很快地做完這八至十次；記得練習一至三次後就應該休息。

第四步驟：測試口頭訊號是否有效

在此步驟，你的關注焦點應該是口頭訊號。爲了測試口頭訊號對狗狗是否眞的具有意義，你需要確保狗狗從你即將放開牠的位置無法看到物件。此外，要確保牠看不到

（或沒注意！）你丟下玩具。然而，當你開始測試時，應該把物件放得相當近，同時確保狗狗至少要往前跑幾步才看得到玩具，然後才給口頭訊號。如果你的狗狗在你給予口頭訊號後即跑去撿玩具，表示牠已經懂了。如果牠沒有去撿，重複做幾次第三步驟再做測試。

第五步驟：增加搜尋的距離

唯有確認過狗狗眞的能夠依口頭訊號去搜尋玩具後，才應該開始此步驟。本步驟的目標是拉遠從你的位置走回去找物件放置處或「遺失」處的距離。當然，也不能再讓狗看到你丟下東西。如果你心中抱持這個目標經常練習，你可以很容易地讓你的狗狗回溯到一公里以外的地方去找尋失物。

設計訓練時，永遠要營造容易讓狗狗成功的情境。在狗狗忙著其他事時，不動聲色地丟下好玩的玩具，一直走遠到無法看見它的地方，然後轉身讓自己和狗狗面朝著物件的方向，給予口頭訊號後放開狗狗。你在第四步驟確認過，你已經知道牠會跑出去搜尋某個距離。現在建議你把物件放在比狗狗之前搜尋的距離再稍遠一點的地方，但還是要夠近，讓狗狗跑個幾公尺就看得到它。重複做幾次之後，狗狗聽到口頭訊號將會很開心地跑出去。現在開始每次都一點一點增加距離，要記錄結果如何，我們太容易忘記自己做了什麼，這可能會導致進展停滯在某一距離。

當你認爲狗狗搜尋的距離還不夠，克制住自己想下令叫狗狗往前移動或繼續找的衝動。現在不是服從練習，而是搜尋遊戲。如果狗狗依照失物搜尋訊號去搜尋但找得不夠遠，這是因爲缺乏動機，或者步驟進展太快，或者狗狗覺得離開你身旁沒有安全感。這個遊戲根本尚未訓練完成，此時若訓練另一個行爲只會弄巧成拙，而且服從指令帶來的壓力和控制對狗狗也沒有幫助。

持續逐漸增加距離，直到你和狗狗都滿意爲止。有些人發現五十或一百公尺就夠了；有些人則會努力訓練達成一公里的目標。即使狗狗能夠輕易搜尋三百公尺，你也應該偶爾安排短距一點的失物搜尋，不要總是增加難度。有時應該要很容易，這麼做才能維持狗狗的高度動機。

第六步驟：沿途的挑戰

多數馬路並非直線，有些甚至和另一道路交錯。穿越充斥不同氣味的步道是狗狗應該學習克服的任務，不過這應該相當容易，畢竟牠剛剛才通過一次。然而在某些情況下，這對一些狗狗來說可能會有點難。

狗狗第一次面臨交錯步道的任務時，把物件安排在狗狗通過交錯點後只要再走一、兩公尺就可以找到的地方，別放太遠。你可能也想選用相當大或非常好玩的物件，讓狗狗容易找到它。這裡的困難點不是找到玩具，而是要在交錯點做出正確的選擇。

另一個挑戰可能是在路上遇見其他人犬。當然，你可以選擇在不可能遇上別人的寧靜環境玩這個遊戲。如果你爲了克服這個挑戰而選擇開始訓練，你可能發現它完全沒有你所害怕的那麼難。你會需要有幫手扮演狗狗遇到的路人。

當你計畫讓狗狗第一次在玩此遊戲時遇到路人，我會將距離大幅縮短，才容易看到發生的一切。選擇一個超級好玩的玩具，你的狗狗要見的假路人應該與愛犬保持一段距離，不要尋求任何接觸。狗狗接近時，假路人應該稍微側面對著牠，保持被動無趣。事先給予幫手清楚的指示，避免對彼此大聲喊叫，幫手和步道之間的理想距離應該足以讓狗狗輕易忽略假路人。如果需要的距離是五十公尺，沒問題，這就是你的起始距離。多數時候，五至十公尺就足夠了。無論你的起始距離選擇在多遠的地方，接下來你應該依照狗狗的進步情形，系統性縮短這個距離。最後，你的狗狗就會直接跑過任何在路上行走的人。

許多狗狗在獵貓時會完全忘記正在玩失物拾回的遊戲，而且喪失理智。然而，芬特很習慣貓咪，完全不受影響。

如果狗狗完全沉浸於和假路人的互動，把牠召回身邊（並予以獎勵）再準備新任務。要判斷狗狗與假路人之間的距離是否夠遠，以及走回到玩具的距離是否最有利於成功，選擇與狗狗沒有建立過關係的幫手也可能有幫助。有時候，最好的解決方法是在遊戲開始前，只要走到幫手身邊，讓狗狗聞聞他。現在狗狗知道他是誰了，也知道那裡沒有辦法獲得玩具和零食。有時，如果陌生人讓狗狗感到憂心，讓朋友擔任「陌生人」可能會有用，祝你好運！

當你選擇讓狗狗在步道上遇見假路狗，遇見的流程可以比照假路人的安排。假路狗應該冷靜沉著，而且你的狗狗不應該對牠太有興趣，你的狗狗對假路狗的興趣愈高，兩者間的距離就應該愈遠。同樣地，解決方法可能是事先讓你的狗狗和假路狗打過招呼，讓牠有安全感。

面臨這類困難挑戰時，請選擇高價值的玩具和頂級零食，一旦狗狗有些成功的表現就結束遊戲。不要爲了成功的甜蜜滋味就再次嘗試，會有失敗的可能性。

失物拾回遊戲的進階玩法，可能是在同一步道上布置多個物件。

有兩隻泰迪熊掉在步道上，芬特和薇莉亞應該各撿一個，但是薇莉亞決定不這麼做。許多狗狗能和朋友一起玩此遊戲，但會保護自己東西的狗狗不適合一起玩。

在你第一次丟下兩個玩具時，請把兩者放很近，讓你容易看到發生什麼事。行走時，輕輕丟下一個高價值玩具，走幾步後再丟下另一個高價值玩具，你的狗狗現在已經知道怎麼玩這個遊戲，所以牠不應該看到（或聽到！）這些過程。往前走五、六公尺再轉身給予狗狗口頭訊號，一旦牠把玩具拿回來就好好獎勵牠，然後叫牠回去找第二個玩具。當牠找到並且拿回第二個玩具時，給牠豐厚的回報。

如果牠沒找到第二個玩具？重複這個遊戲，但這次把兩個玩具間的距離縮短，或者必須找到更有吸引力的玩具。要記得：玩具是否具有「高價值」由狗狗決定，並非取決於價格。

一旦你的狗狗能夠成功搜尋多個物件，你即可開始變化物件之間的距離：第一個可放在十公尺處，下一個在八十公尺處，依照狗狗的成功狀況，一步步建立距離。起初每次只增加兩到三公尺，隨著狗狗理解遊戲會做此變化，你可以每次增加十公尺。試試看，從狗狗身上學習。你的狗狗應該相信自己的飼主非常漫不經心，一直在遺失東西。

現在你的狗狗能夠開心地沿路跑回數百公尺去拾回你遺失的東西，還不錯。

但是，倘使狗狗無法找到其中一個或所有物件，怎麼辦？要自己走回去撿手套、球球或任何你丟下的東西可能會有點困擾。教導狗狗撿起各類的東西，這樣你就可以丟下皮革、火柴盒、酒瓶軟木塞、木塊，或其他丟了也不會在乎的小東西。你也要選擇不會撒得滿地都是、會污染搜尋區域的東西。另一個選項是，下次散步時再去找這些留下的物件。

10
薄餅追蹤

任何狗狗都能夠跟隨氣味足跡，牠們似乎與生俱來就有這個能力。但是，我們仍需要訓練氣味追蹤，到底爲何需要這麼做？我們要訓練的是你和狗狗之間的合作默契，而不是訓練狗狗學習跟隨氣味路徑。

我教幼犬課最大的樂趣是氣味追蹤日，年紀小至三個月的幼犬在戶外環境裡搜尋，開心又有目的性地嗅聞，想找出薄餅的下落。

你說什麼，薄餅？是的，薄餅，也可能是熱狗，或是某種聞起來或吃起來很美味的東西。我爲任何狗狗（無論老少）準備的第一次氣味追蹤，通常是用繩子綁著薄餅或熱狗再拋出去，當我遠離幼犬時就把它拖在身後，因此稱爲「拖地足跡」

這隻小可愛無疑想要繩子末端的零食。狗狗願意投入多少心力，牠的動機至為關鍵，無論牠是幼犬或成犬。

（towing track）或「薄餅足跡」（pancake track）。

拖著薄餅走的重點在於，讓狗狗專注於地面上蹦跳亂彈的東西，而不是留意布置氣味足跡的人。我這麼做一石二鳥：讓狗狗有找尋逃逸薄餅的動力，也能專注於地面步伐（而非人臉）。薄餅的任務不是在地面留下氣味，而是把狗狗的注意力轉移至地上的氣味足跡。

狗狗密切注意薄餅的去向。幫手消失在樹叢裡，離開幼犬的視線範圍，接著飼主和幼犬需要給幫手走遠及躲起來的時間。要注意，幫手躲好之後不能出聲告訴你。

薄餅追蹤的步驟

要開始遊戲，你需要有一些薄餅或一袋熱狗，本章中我將以「薄餅」一詞涵蓋。然後你需要有一段兩至三公尺長的線或繩子。狗狗則需要有好的胸背帶和八至十公尺的長牽繩，個頭很小的幼犬可以不扣牽繩進行氣味追蹤。有幫手可能會有幫助，他可以幫你拖薄餅。開始前請先檢查風吹的方向，如果有風，最好在下風處布置氣味足跡。除了檢查風的方向，挑選一個地點，讓幫手拖著薄餅走不到十公尺就能離開狗狗視線，距離愈短愈好。幫手可以消失在植被之後，或建築物／山坡的轉角處。

把繩子綁在薄餅上再交給幫手，幫狗狗扣上長牽繩後牽住牠，此時幫手會把薄餅放在狗狗面前的地上，讓狗狗看到薄餅。稍微拉扯薄餅讓薄餅跳起舞來，然後讓你的狗狗幾乎可以咬到薄餅，玩幾秒貓抓老鼠。你需要儘可能避免讓狗狗一下子吃掉整個薄餅，這偶爾會發生，所以需要準備一些薄餅備用。如果你的狗狗奮力吃到了一小塊，完美！此時幫手應該用繩子拖走薄餅，你只要負責牽住狗狗。你可以讓牠往幫手和薄餅遠離的方向前進兩、三步（狗狗的步伐），不可出聲，不給任何訊號，也不要說「坐下！等！安靜！」之類的話。此外，如果你設法以講話的方式激勵狗狗，你可能讓牠分心，使牠完全忘記氣味足跡和薄餅，轉而想和你玩。請保持全然被動和安靜，讓狗狗觀看逃跑的薄餅。

幫手

幫手的第一個任務是拖著薄餅走遠並消失，不過一旦他走了大約十公尺，並且消失在狗狗視線之外，他要把薄餅撿起來，用手拿著或放口袋裡。要小心確保幫手順著風向走，狗狗不應該因為順風或側風嗅聞到氣味而找到她。

她應該以走弧線的方式，走二十至三十公尺，不走一直線，也不直角轉彎，這條弧線應該形似鐮刀或魚鉤。然後她應該放下薄餅，躲在一旁的樹叢或某個東西後面。有時在移動及放置薄餅的過程裡，它可能會碎成好幾塊：對正在追蹤氣味的狗狗來說是額外的樂趣。然而，有時在到達氣味足跡的終點之前，整塊薄餅已經分崩離析，最後沒有剩下可以找的東西，所以你應該始終確保幫手多帶一塊薄餅，用它代替碎掉的薄餅作爲狗狗的獎勵。讓幫手把薄餅放在地上，自己在近處躲起來，然後安靜不動地等候。一旦狗狗過來發現薄餅，薄餅派對就可以開始了！狗狗想花多少時間享用薄餅都隨牠高興。

薄餅追蹤可以讓幼犬玩，也可以讓沒經驗的成犬玩。這隻狗狗參加英國的氣味追蹤營，很容易就在灌木叢區裡找到牠的氣味足跡。

你和你的狗狗

在你等候幫手完成他的任務時，你的狗狗可能會在原地小碎步走來走去，嗅聞所在位置的地面。不用擔心，讓牠這麼做，但避免對牠講話、拍撫、玩耍或給予任何訊號或指令。在等待的過程中保持被動，不要試圖給狗狗任何鼓勵。每當狗狗回到氣味足跡（幫手的腳印位置），讓牠往前走一、兩步（狗狗步伐），做法是站著不動，讓牽繩從你手裡慢慢滑出去。每當狗狗離開氣味足跡再自己回來時，就重複這麼做，但是要握住牽繩，不能讓牠循著氣味足跡走出去太多。不可對狗狗說話，不能稱讚或給口頭訊號。

一旦幫手躲好了，沒有任何動靜，就讓狗狗跟隨氣味足跡走。最初幾次，你不要給予口頭訊號，只要跟隨狗狗，鬆鬆地拉著牽繩。讓狗狗率先帶領，當牠嗅聞後開始跟隨氣味足跡，馬上跟隨在牠後頭。要確保仔細觀察幫手，才能知道她的行走路線。讓狗狗走在你前方幾公尺獨立作業，你不需要緊貼著牠亦步亦趨。在狗狗追蹤的過程中，保持一般的走路速度，不可以跑起來。如果你的狗狗移動速度太快，請輕捏住手中牽繩，減緩滑出速度，讓牠減速。

如果你的狗狗找不到氣味足跡，你也迷失了方位，最好的決定是取消遊戲，直接返回，再馬上布置一條新的氣味足跡。要知道，有些狗狗會偏離到氣味足跡的左側或右側，不是精準地只循著腳印位置。不必擔心這一點，當牠四處探查時，你只需要固定牽繩長度，站著不動。從另一方面來說，如果牠離開這條氣味足跡，循著其他氣味路徑而去，你不可以跟著牠走。等牠跟隨了正確的足跡，你才好好地在後頭跟隨。

有時會發生狗狗四處張望，想往前跑，或是牠似乎沒有跟隨正確足跡的情形。此時你只要停步，定住牽繩站住，直到狗狗再次專心，繼續嗅聞薄餅足跡。當你相信牠已經回神追蹤，你才跟著牠走，每當狗狗似乎找不到氣味足跡而去嗅聞其他東西時，你就站定不動。多數狗狗一旦有了一些經驗，最終都會更堅持跟隨正確的氣味足跡。

當狗狗找到薄餅，請與狗狗和幫手一起開慶祝派對，你和幫手都應該稱讚狗狗，告訴狗狗牠有多棒，甚至可以給牠口袋裡可能多出來的薄餅或雞肉。

如果你的狗狗找不到氣味足跡（偶爾會發生），思考問題在哪裡。氣味追蹤是否爲時過久？植被太密或太高？狗狗不想涉溪或不想穿越柏油路？周遭太多干擾？天氣不對？牠累了或吃飽了嗎？改變需要調整的地方再行嘗試，每次做新的氣味追蹤都要找新的地點來做，以確保新舊的氣味足跡不會重疊在一起。

永遠不可以出手協助狗狗去找薄餅和幫手。如果你這麼做，狗狗就會學會信任你而非自己，你未來將無法讓他玩此遊戲。若不順利，最好重新安排一條的氣味足跡即可，不會有不良影響。

這隻幼犬仔細地看著薄餅消失，並且嗅聞薄餅曾經經過的地面，然後牠循著氣味足跡一直找，拯救了迷路的幫手。

有的狗狗會害怕或不想追蹤陌生人的氣味，爲了協助這類狗狗，我讓飼主擔任幫手，拿著薄餅遠離，同時由我（或狗狗信任的某人）牽住狗狗。此時，媽咪拿著薄餅躲在樹叢裡，幾分鐘後我們讓狗狗去追蹤氣味足跡，由我（訓練師或幫手）牽著牽繩。有時像這樣的氣味追蹤做一次就夠了，有時則需要重複做，視狗狗需要而定。久而久之，你的狗狗將逐漸建立起自信和動機，很可能會輪流追蹤陌生人和媽咪的氣味。然而，如果狗狗對於飼主消失表現出憂心，即使只是一點點也絕不可以使用上述方法。

你也可以在沒有任何幫手的情況下，獨自和狗狗玩薄餅追蹤，此時你將需要把狗狗栓著。你應該拿著用繩子綁住的薄餅，拖著它走遠，再把自己的外套或T恤之類的東西和薄餅一起留下，作爲終點，然後好好繞一大圈回到狗狗身邊，確保自己沒有穿越或踩過原來的氣味足跡。你一回到狗狗身旁就成爲牽狗者，讓狗狗馬上去追蹤氣味。多數狗狗對於追蹤媽咪的氣味足跡，會比追蹤陌生人的氣味足跡來得好奇。請注意，如果你像這樣栓住狗狗，把牠獨自留下，牠能夠覺得安全並保持冷靜，你才能使用這個做法。

一旦你的狗狗成功完成幾次薄餅追蹤，你就可以給牠更具挑戰性的任務。作爲第一個新挑戰的不錯做法是，在狗狗沒看到的情況下布置氣味足跡。接著，你可以開始增加氣味足跡的長度或備妥氣味足跡的時間，但是避免同時增加長度和時間。

從薄餅追蹤轉為真正氣味追蹤的步驟

現在你的狗狗已經做過多次薄餅追蹤，牠已經知道怎麼玩，該是停止玩的時候了，意思是去除讓狗狗能夠運用視覺解開謎底的視覺影響。

最容易測試狗狗對傳統氣味追蹤是否有興趣的方法是，準備一條長二十至三十公尺的小小氣味足跡，但不讓狗狗看到布置過程，你可以自己布置或請幫手布置。把起點設在一個狗狗能夠輕易到達的地方，確保自己記得起點的確切位置；建議在地面上踢踢弄亂、拖著腳蹣跚行走來標記起點。用粉筆在地面上做記號，或是在灌木叢上綁條緞帶，然後走遠，像之前一樣留下氣味足跡。把幫手或幫手的一些衣服連同薄餅或熱狗留在氣味足跡的盡頭。

現在你把身上有胸背帶和追蹤牽繩的狗狗帶到起點，緩緩地接近，讓狗狗嗅聞地面。一旦狗狗發現氣味足跡，牠可能會嚇一跳，去聞它，然後去追蹤。當然，你也要在後頭跟著牠。因爲這條足跡不是很長（對小型犬而言更短），你的狗狗應該會很快發現牠的獎勵。

如果你的狗狗只有在看見薄餅消失後才想要追蹤氣味足跡，你可以準備一個特別任務，讓牠想起尋找當前看不見的東西也是件很好玩的事。

請幫手準備一條短短的氣味足跡，最多四十公尺長，在足跡盡頭留下薄餅（或其他美味食物）和幫手的某樣東西，狗狗不應該觀看這個過程。把氣味足跡的起點設在步道或停車場可能會比較容易，以粉筆、緞帶或拖著腳走的方式標示起點。一

這隻狗狗剛發現一條新出現的氣味足跡，牠循著氣味足跡一路嗅聞，走進樹林裡，我們只看得見牠的尾巴。

且備妥氣味足跡，幫手就會回到你和狗狗身旁。現在幫手在附近另外安排一條短短的薄餅足跡，但和第一條氣味足跡有顯著距離，這次讓狗狗看著薄餅消失，允許牠去追蹤這條氣味足跡，終點有幫手和薄餅等著牠來開派對。派對一結束，帶狗狗走到第一條氣味足跡（狗狗未看到準備過程）的起點，讓你的狗狗自己嗅聞，並發現有關新氣味足跡上的一切，無論如何，你都無法說什麼或做什麼來幫助牠。多數狗狗都會嗅到這條氣味足跡。

然而，如果牠嗅不到，你應該再多做幾次薄餅追蹤，也許提高獎勵的等級。做完幾次薄餅追蹤之後，再依前述方式提供一條新的氣味足跡。

葛蘭西的第一次氣味追蹤

我的「小小」蘇格蘭獵鹿犬在四個月大時做了第一次氣味追蹤。我們當時一起在森林裡，有葛蘭西、我和標準貴賓犬楚奧爾。

我把葛蘭西和楚奧爾及背包留在一棵樹旁等候，我一邊走遠，一邊拖走一個裝滿雞肉的彩色絨布鉛筆盒。葛蘭西試圖去咬鉛筆盒，然後很殷切地等我返回。牠第一次追蹤時有點猶疑擔心，但牠在三十公尺外找到我的外套和裝滿雞肉的鉛筆盒。我馬上就為牠安排了一條新的氣味足跡，牠確切專心地追蹤氣味，沿著足跡找到了雞肉派對。到了第三次氣味追蹤，牠已經能夠在沒看到我或雞肉鉛筆盒消失眼前的情況下追蹤足跡。

11

氣味追蹤：能夠追蹤足跡的狗狗

在你與親友帶著狗狗散步時，你可能已經注意到牠正在追蹤足跡氣味，但你知道你並沒有眞正去意識到。如果散步群裡其中一人離開步道後再返回，你的狗狗很可能會跟隨著這位的足跡，看看這位落跑家人離開步道後遇上了什麼。即使小妹妹離開步道的當下，你的狗狗有牽繩牽著，如果把牠的牽繩解開，牠很可能會跑去嗅聞她走過的地方。狗狗天生好奇，而且與生俱來就有追蹤氣味的能力。

如果你的幼犬或成犬完全是氣味追蹤的新手，我推薦從前一章的〈薄餅追蹤〉開始做。一旦你的狗狗完成幾次該章描述的追蹤練習，你即已準備好回到這裡學習氣味追蹤。

氣味足跡的形成方式

氣味足跡是因爲某人或某物移動時對地面造成影響而產生，這是氣味足跡的簡要定義。任何東西移動都會留下氣味足跡，無論是人、拖拉機、自行車、駝鹿、老鼠，甚至是甲蟲。

你是否注意到，你能在路人經過你時聞到此人的香水（或汗臭味）？即便此人已走遠，你可能仍聞得到，這是因爲他的氣味仍懸浮在空氣中。確實如字面所見，產出氣味的細胞飄浮在空氣中，直到下降至地面或被風吹走。人類每分鐘會掉落大約四萬個死皮細胞，身體周遭的氣流會把死皮細胞往上送入空中，甚至可能送至離我們八公尺遠的地方。在你和狗狗練習氣味追蹤時，若你因爲牠離開足跡路線太遠瞎忙嗅聞而不開心，得知這一點可能會讓你釋懷。

現在我們來描述氣味追蹤的細節。當某人或某物在地面上移動時，必定會對地面造成影響，不是所有影響都是我們眼睛看得到的，但它依然存在。植被被壓壞了，昆蟲被壓扁，甚至連地表本身也受到擠壓，使地底的小區域氣體或液體受力而逸出地表，暴露在空氣中。

爲什麼我們的狗狗能夠追蹤足跡？因爲狗狗天生本能就會這麼做。舉個例子，想想獵犬追蹤獵物。即使人類的鼻子也聞得到植被壓壞後的氣味，如果你走在沼澤地裡，你可能會聞到沼氣，可是我們通常聞不到自己的足跡。

然而，狗狗聞得到。

氣味足跡的三要素

要素一：破裂和弄亂的地面

新鮮的氣味足跡通常代表它出現不到兩小時，地面被弄亂後的氣味相當強烈，十五至二十分鐘後，氣味會到達最高峰，然後因爲地面破口逐漸密合起來，氣味隨著時間逐漸淡去。「受傷」的植物會修復及生長，死去的甲蟲被吃掉或變乾枯，流動的氣體和液體會慢慢減少。兩小時後，你可以認定氣味已經消失。無論如何，擾亂後的破碎地面有最強烈的氣味，會最先引起狗狗的興趣，唯有在累積時間和練習經驗之後，狗狗才能學會尋找動物的氣味。

你能看見草原上的足跡嗎？草葉相當快就會恢復直立，唯有狗狗的鼻子能夠找到這條足跡的確切位置。

這裡曾經很熱鬧！駝鹿、狐狸、野兔、車輛和雪上摩托車都來過這裡。這種新雪如同沙地，我們可以在上頭看到很多足跡，狗狗運用鼻子就能嗅出不止這些的資訊。

要素二：動物的氣味或生成氣味的物件

你的狗狗能夠區分足跡上的不同氣味，這些氣味會告訴牠誰或什麼東西曾經經過：是人類、狗狗、自行車或雞？動物的氣味來自經過地面時掉落地面的細胞，我們不斷在世界上散落身上的東西：頭髮、頭皮屑，以及從我們的皮膚、衣服和鞋子上掉落的細胞。足跡也可能包括動物的糞便和尿液，受傷的獵物可能在足跡上滴血。你的狗狗憑藉著絕佳嗅覺，也許能夠分辨出之前經過的是駝鹿、人類、狗狗或車子。

要素三：個體獨特氣味

之前有誰經過？每個個體都有獨特氣味，像是指紋一樣。除了知道之前曾有狗狗從這裡走過以外，你的狗狗還會分析足跡氣味，來判斷是哪隻狗狗，可知年紀、性別、生理狀態（是否發情？）、健康或受傷，這只是略提幾項。

布置氣味足跡時，牢記這些要素的知識可能會有用。不存在沒有氣味足跡的戶外環境，某個東西在某個時候一定曾經在那裡移動過，無論是人類、動物或車輛。然後你到了那裡，把你的氣味足跡壓在原本存在的氣味足跡上頭，可能還相信自己的是唯一的氣味足跡。但是你現在知道更多了，至少你對地上留有多少氣味資訊已有些概念。希望你因此對沒有經驗的狗狗多點耐心，牠們需要時間去探查任何可能的氣味，對牠們而言這麼做極其重要。也要記得，人類細胞的落地位置可能離足跡有數公尺遠。

也請謹記狗狗使用不同感官的優先順序，第二章提過，如同運用嗅覺，狗狗同樣會運用視覺和聽覺。記得這一點，將爲你和你的狗狗增加成功實施追蹤訓練計畫的機會。

氣味追蹤所需的裝備

適當的裝備可協助並支持你的訓練，而不當的裝備卻可能摧毀氣味追蹤的部分樂趣。想像你爲狗狗布置了一條精心設計的長長足跡，牠完美地出發，非常順利地追蹤足跡，但當你們走進灌木叢裡，狗狗卻嗅不到足跡的氣味，牠殷切地想找回足跡的路，然後追蹤牽繩卻卡在樹叢裡。你只得停下狗狗，解開牽繩，把纏繞的部分解開，走出灌木叢再重新開始追蹤。新手狗狗很容易就會在這樣的混亂中失去注意力和動機。

追蹤牽繩

因此，最重要的裝備是條品質很好、稍微硬挺又重量輕的追蹤長繩，不吸水也不容易卡在任何灌木叢裡。我的追蹤牽繩已經很舊，我把它當成鑽石般保護，

我把零食裝在小容器裡，避免螞蟻或其他動物來吃。

我的超棒追蹤牽繩、芬特的胸背帶、彩帶、皮質牽繩和指南針。帶著備妥的零食，我們準備好進行氣味追蹤了。

它不像多數我看過的其他牽繩會卡在東西上。詢問氣味追蹤老手推薦什麼再自己測試，除了材質硬挺及不吸水以外，牽繩上不應該有一圈把手或打結，應該是條滑順的直繩，避免卡住。如果你只想在草地或街上做氣味追蹤，皮質牽繩握起來可能比較舒服，不過若在森林裡，皮質牽繩可能容易卡住。

追蹤胸背帶

除了追蹤牽繩以外，你需要讓狗狗穿著胸背帶，依牠的體型購買一個適合身形的普通胸背帶，多數商品齊全的寵物用品店裡都可以找到胸背帶。有許多流行樣式：皮質、棉質及絨布材質等，最好帶狗狗同行，以確保你買到的是正確的尺寸和形狀。許多人偏好有特定的胸背帶做氣味追蹤，日常散步則使用另一個胸背帶。這麼做完全無妨，這是你的選擇。你可能會發現，你可以使用狗狗的日常胸背帶做氣味追蹤，狗狗很快就會明白，帶有氣味追蹤訊號的追蹤牽繩，和沒有任何追蹤訊號的普通遛狗牽繩之間的區別，後者意味著你是在進行日常的散步。

有了胸背帶和追蹤牽繩兩樣東西，你就已經備妥所需裝備，可以開始了。

獎勵

在你開始訓練之前，你需要準備一些有價值的東西，讓狗狗為了取得而想努力表現，它可能是牠最愛的玩具、肉肉、動物肝臟、雞肉或魚。詢問你的狗狗牠偏好什麼！即使牠認為玩泰迪熊非常好玩，牠也可能在去到足跡終點時較喜歡獲得另一種獎勵，注意到這種情形極為重要，下次訓練時要記得。

我喜歡模擬野生動物成功追蹤足跡之後發生的事：獵食動物追蹤足跡時可能漫長又耗盡氣力，然後牠追上獵物，擊殺牠。獵物一死，獵食動物（狗狗）當場可能馬上開始進食，如果是安全的地方，牠甚至可能吃飽後小睡一下。因此，我選擇給的報酬需要花點時間處理，確保狗狗要吃下它、打開它或拖它去別處吃時，會面臨小小的挑戰。它可能是帶有很多肉的骨頭、魚乾、塞滿碎肉的 Kong 玩具、豬耳朵、放在衛生紙紙筒裡的零食等等。發揮你的想像力，找到讓狗狗需要稍微花點時間，但不會困難到吃不著的給食方法。此外，我通常會爲自己帶些零食，這樣我就可以和狗狗一起開慶祝派對了。

動機

想像一下，有朋友邀請你幫忙粉刷他的房子，作爲獎勵，他答應請所有來幫忙的人去高級餐廳用餐。等到房子漆好了，他說披薩外送很快會到，嗯，披薩好吃，大家也吃得開心，但你會不會覺得有點被騙了？

這似乎也可能發生在狗狗身上，如果你用泰迪熊作爲誘餌，成功完成工作的獎勵就是泰迪熊，不是零食之類的東西或另一個玩具。不過，除了泰迪熊之外，你也可以給牠一塊零食。

所以，當你選擇的誘餌和獎勵是薄餅，你就應該使用它邀請狗狗來到氣味足跡。狗狗在氣味足跡盡頭找到的幫手和薄餅，就是成功達成任務的獎勵，而且可以提升牠日後追蹤別條足跡的動機。

爲了建立狗狗與你玩氣味追蹤的動機，你需要確保付出與承諾相符。對狗狗來說，你需要具有可預測性和可靠性，而且要信守承諾。

幫手的任務

協助進行氣味追蹤遊戲的人被稱爲「幫手」或「待援者」（victim）。我不會向幫手提供完整的教育指引，但這裡有一些想法，可以幫助你在氣味追蹤有一個好的起點。

如果你的訓練夥伴請你幫忙布置氣味足跡，一定要請他仔細且精確地說明他想要你做什麼。當你自己作爲帶狗的人，請別人幫你布置氣味足跡時，則角色互換。你需要花時間把充足的資訊提供給幫手，以避免任何出錯或誤解。認爲人們理當知道例行程序和規則，是很容易犯的新手錯誤，寧可給太多資訊也比給太少來得好。

方向和距離

你注意過在森林裡要走一直線有多困難嗎？少了指南針你不可能辦得到。什麼是轉彎角度？我們通常指的是轉直角九十度，除非你有指南針或事先標示足跡位置，否則你不太能夠直接轉九十度的彎。你在森林裡轉的彎多半會是鈍角，也就是超過九十度。

實際上多遠是才是「遠」或「不遠」？到底幾公尺是「短」？一步有多長？幾分鐘或幾小時以前生成的足跡是「舊的」？還是「新的」足跡呢？確保你提供或接收到的是準確、相關又充足的指示和資訊。

了解這些影響因素後，看得出有多麼容易迷路了吧？

即便有好的指示和適當的裝備，布置氣味足跡也不容易。假設你的任務是往前方布置一條三百公尺的足跡，然後向左轉直角再走兩百公尺，來到起點的左側，圖示裡以長方形示意（實線），並標上距離。不幸的是，結果往往會變成下圖（虛線）。在這種情況下，我

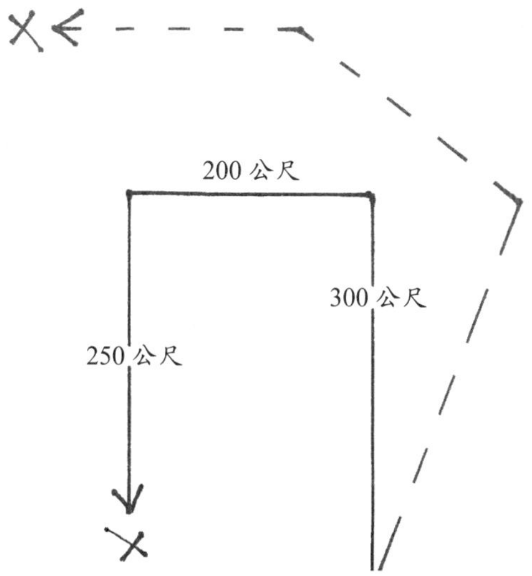

們不但沒有保持在預期的足跡上，反而傾向偏離到非預期的路線上。原因可能是，舉個例子，偏好使用右腳的人容易往右偏移，而且我們也容易在沒留心時轉太大角度的彎。

如何筆直往前走：使用指南針或景觀中某個視覺焦點。出發前選好三棵樹、三顆石頭、三塊招牌、三棟建築物或任何容易識別的三個東西，這將提供直行不偏離的簡單方法。一旦你到達第一個視覺焦

在俄國莫斯科的鬧區做氣味追蹤！在軟質平面上嗅聞較為容易，這就是我們最初幾次在草地上練習的原因。累積一些經驗後，狗狗也將能在硬質平面上追蹤氣味。

點，就在最後一個視覺焦點的後方再選一個新焦點，確保自己前方永遠有三個（或至少兩個）視覺焦點。

如何轉九十度角：選三個點，一個點位於你即將前進的方向，另一個在你將轉彎的地方，第三個在轉彎後的新方向上。當你到達轉彎點，先一百八十度轉向，面朝剛剛來的方向，然後再轉向新路線的方向，再次確認轉彎的角度無誤。接著在新方向的路線上挑出三個新的視覺焦點，繼續前進。

如何在足跡路線上擺放物件

扮演幫手時，可能會有人請你把物件（玩具或人類所有物）放在足跡路線上，這些物件應該直接擺放或丟在你步伐踩過的地方，而不是拋去旁邊。通常應該避免把物件放在太接近足跡改變方向的地方，最好放在轉彎前幾公尺處或轉彎後幾公尺處。通常會在終點放一個特定的物件，它應該是讓狗狗覺得特別好玩或格外興奮的東西。你也可以使用狗狗最愛的零食，把它和你的某樣東西（T恤、背包、開襟毛衫、外套或任何帶有你氣味的東西）一起放在地上。放好最後一個物件之後，永遠要從足跡終點沿同一路線方向多走幾公尺，再轉彎或繞弧線返回，除非你被要求要在足跡終點坐下等待，並且參與找到時的慶祝派對。

如果你要返回，請務必小心，不要穿越或切過你自己的氣味足跡，或者做出任何破壞之事。

這裡有一些物件。我想我們都會有一些落單的襪子、舊手套或其他東西。對學習中的狗來說，找自己最愛的玩具可能會更好玩也更有動力。

使用彩帶

我布置足跡時不太愛使用彩帶，但它有時很有用，許多人也偏好使用彩帶。

當你選擇使用彩帶標示足跡，確保高度要足夠，以免狗狗看見時以爲是要找的物件。彩帶應該沿著行走路線標示，不用多走幾步或繞路去掛在「完美」的位置。

放置彩帶的目的是讓帶狗的人看見，因此彩帶應該要夠長，也要放得夠近才會明顯，讓帶狗的人容易看到下一條彩帶和前一條彩帶，不用花力氣尋找。彩帶應該非常容易引起注意，選擇在氣味追蹤的環境裡能夠輕易識別出來的顏色。只在必要時使用彩帶，一旦解決挑戰就停止使用，你或你的狗狗都可能很容易過度依賴彩帶。每回訓練結束後要取回所有彩帶，才能再次使用或拿去丟掉。不應該留下彩帶污染環境。

狗狗的獎勵就是氣味足跡的終點

現在來看看，到了氣味足跡的終點，你在狗狗身旁應該有什麼行爲。

訓練追蹤的狗狗永遠應該在氣味足跡的終點發現「待援者」，否則牠們很容易感到受騙。無論是新手狗狗或熟練的狗狗，都喜歡在氣味足跡的終點找到眞的人，這通常會增加狗狗的動機。如果你正在訓練搜救，在氣味足跡的盡頭有人存在將更加符合現實。許多狗狗預期找到「迷路者」將會大開派對，如果沒找到人，牠將覺得任務並未達成。

你需要找出狗狗在足跡終點偏好獲得什麼獎勵，它可能包括拔河、玩貓捉老鼠、吃點零食，或有人摸摸抱抱。重要的是，在以這些作爲獎勵之前你需要一一測試。如果你不太認識這隻狗狗，你通常不應該碰觸牠，而且注意不要做出引起狗狗生氣的行爲。雙膝蹲下，不要在狗狗上方彎下腰，避免直盯眼睛，或做狗狗可能不喜歡的其他事情。永遠不可以去摸陌生狗狗的脖子，也要避免對不太熟的狗狗限制活動自由，或與牠粗魯玩耍。對狗狗而言，找到人應該完全是美好經驗，不是讓牠面臨挑戰或學習禮貌的時候。作爲幫手，你的任務不是管教或訓練狗狗，只要提供協助並且成爲獎勵。

好了，以上交代了幫手基本上應該知道的事，其他部分就要等你擔任氣味追蹤幫手時親身體驗了——祝你好運，好好享受布置足跡的樂趣！

進階追蹤訓練

到目前爲止，你的狗狗已經完成了一些氣味追蹤，也有了足夠的經驗和成功次數，牠知道氣味追蹤很刺激，而且最後會有某樣好玩或不錯的東西等著牠。現在我們來看如何使追蹤訓練變得更具挑戰，但狗狗仍有能力應對。

改變變數

訓練狗狗時，我總是設法遵守以下規則：每次只改變一個變數。這代表每次氣味追蹤只應該提高某個變數的難度。想像你提前布置好足跡，並且挑了新的地點或環境，倘使狗狗追蹤失敗，你可能無法知道問題出於足跡的歷時時間或新環境，此次訓練的價值便降低了。如果你運氣好，即使改變兩個變數，狗狗依然表現優異，你可以開心，但下次要注意只改變一個變數。

提高變數難度及挑戰的時機，在於狗狗已經有一些經驗，能夠依訊號開始追蹤，也不需要先看到薄餅或媽咪消失。但是即使來到這個階段，通常每次最好只選擇一個新挑戰，例如拉長足跡的歷時時間或延伸距離？由你依據自己的經驗及意向決定答案。一般來說，我選擇先增加足跡的歷時時間，尤其如果我的狗狗追蹤氣味時容易衝得太快。

足跡的歷時時間應該多久？

足跡歷時過久，使狗狗無法追蹤的極限時間是多久？我真的不知道。一位課程學員是追蹤受傷野生動物的老手，她告訴我，她的羅威納犬能夠追蹤已歷時一百二十五小時（稍微超過五天）的血液足跡，相當驚人不是嗎？其他人也說過，歷時一週甚至一個月仍成功追蹤足跡的故事。我能確認的最久時間是一百二十五小時。

歷時十五至二十分鐘的足跡。一般來說，假設你讓你的狗狗看著薄餅被拖走，那麼你要求牠追蹤的第一條足跡會是兩到十分鐘前的足跡，在此時限內的足跡被視爲全新的。一旦狗狗能夠不先看到薄餅被拖走也能追蹤足跡，你就可以開始慢慢提前布置足跡。完成足跡布置（包括讓幫手待在終點或在衣物上放些零食）之後，你應該等個十五至二十分鐘，然後再讓狗狗嘗試追蹤足跡。多數狗狗能輕易做到，但有些狗狗會覺得太難。如果沒有成功，重新布置一條新的足跡，歷時時間則選擇在之前成功追蹤的時限內，然後就結束休息。下回練習氣味追蹤時，一開始是歷時五至十分鐘的短足跡，再追蹤另一條歷時時間額外多出五至十分鐘的新足跡。依此類推，直到狗狗能輕易追蹤歷時二十分鐘的足跡。每次牠失敗時，就讓牠追蹤一次、兩次或三次一定會掌握的路徑，然後再用較舊的足跡進行新的測試或挑戰。

歷時三十至六十分鐘甚或更久的足跡。變化時間變數的下一步是歷時三十分鐘的足跡，狗狗已經有過十五至二十分鐘的成功經驗，我推薦每次增加十五分鐘，直到狗狗能夠追蹤歷時一小時的足跡。此後你應該能夠每次增加二十至三十分鐘。

不用擔心逼迫狗狗的極限，如果你的狗狗失敗了，你只要布置一條歷時短一些的新足跡。讓牠成功追蹤之後，牠可能已經準備好追蹤稍久一點的足跡，但每次增加的時間或許短一點。把你做的改變都記下來。

一旦你的狗狗能夠自在應付歷時已兩小時的足跡，你應該偶爾提供一些歷時較短的足跡。永遠要不斷變化任務及挑戰，以確保不會停滯在同一程度太久。到最後，對受過訓練的狗狗來說，追蹤歷時二十四小時的足跡將變得意外地容易。

年輕的芬特熱衷氣味追蹤

我從芬特三個月大時就和牠玩氣味追蹤遊戲，足跡長度很短，我們在農場上或附近森林裡玩。隨著時間過去，牠也慢慢長大，變得更勇敢，也累積了更多經驗，牠能夠追蹤的足跡一點一點地變長，歷時也一點一點地變久，有一次，牠大約六、七個月大時，我為牠布置歷時兩、三個小時的足跡，牠表現得很好。隔天我們去散步，經過昨天氣味足跡的起點位置，芬特堅持要過去那裡，我當然就讓牠過去。牠的足跡追蹤完美無缺，身為飼主我感到極為自豪。在這種情況下，就更應該在口袋裡放一些食物或其他酬勞，以備不時之需。所幸我有東西，所以當我們來到昨天的足跡終點時，我拿出零食並且小小地開了一下派對。這條足跡歷時剛超過二十四小時，有一百公尺長。

所以請勇敢一點，讓狗狗去嘗試，即使你認為這條足跡已經太久，或因某種原因太困難，結果可能讓你出乎意料。如果狗狗失敗，就停止追蹤，另外去做些好玩的事即可。

氣味足跡應該多長？

隨著你增加足跡的歷時時間，你也可以增加足跡的距離，只是不要同時增加。我的意見是，狗狗不應該只習慣五十公尺長的足跡，牠們能夠輕易在幾百公尺的足跡取得成功。因此，請確保你持續增加距離，通常每次增加五十公尺。一旦你的狗狗能夠追蹤五十公尺長的足跡，而且有你在身後抓著追蹤牽

在進行氣味追蹤時永遠要帶著水，尤其追蹤長足跡時。照片中，狗狗在天氣暖和時非常感謝有水。即使在不是很熱的天氣，氣味追蹤也會使狗狗變得乾渴，所以要帶著水。

繩，牠很可能也能追蹤一百公尺的足跡，除非牠的肢體受限。

繼續每次增加五十公尺的足跡距離，直到達到三百公尺長，此後或許可以每次增加一百公尺。如果這看起來增加太多，可以每次只增加短一點的距離，確保提供狗狗成功的機會。和狗狗一起嘗試，你將找到自己的進度推進方式，永遠要保有樂趣和一些好的挑戰；有時可能每次增加三十公尺，有時一下子從三百公尺跳到五百公尺也無妨，這一切都取決於當天的情況，以及狗狗的動機及經驗。黃金守則是持續提供一點挑戰，保持狗狗對追蹤的熱衷。多數狗狗都喜歡接受挑戰。

隱藏的天分

有次在課程上，請了一位幫手為一隻年輕狗狗布置一條八十公尺的氣味足跡。剛開始學玩這個遊戲時，不太容易把所有事情兼顧周全，以下可以看到這種情形。到了要開始追蹤的時候，狗狗、飼主和我去到足跡的起點，然後出發循著氣味足跡走。狗狗非常正確又冷靜地追蹤足跡，不過當我們走到八十公尺處，然後一百公尺，再到兩百公尺和三百公尺，仍然沒有最後大獎的跡象，不過狗狗堅持繼續追蹤。在大約四百公尺之後，牠發現終點，那裡有大獎和所有東西。飼主接近絕望邊緣，狗狗也相當疲累，這種情況讓我們知道帶水是多麼重要，即便我們認為只是為時不長的追蹤。這位飼主帶了水，她的狗狗真的很開心自豪，當然也累了。那位幫手也確認了我們是循著他走過的路線走，而且狗狗的所有表現都很完美。

再提醒一次，不要害怕偶爾冒個險。狗狗的能力經常超乎預想，而且已經準備好進行比我們請牠嘗試的更多事情。不過要謹慎，尤其是年輕狗狗，如果你推進過快，牠可能會真的「累到喪失興趣」。對於年輕狗狗，我們必須學習在加快步調時不能急。

關於未來計畫和挑戰的建議

我偏好把足跡的歷時時間訓練到一個小時，這提供足夠的彈性，因爲從現在起，我的氣味追蹤可能會爲時五分鐘至一小時不等。如果你計畫每星期玩這個遊戲兩次，可能要花二至四星期才能達成追蹤歷時已一小時的足跡。

在一小時的時間範圍內，我開始延長足跡距離，直到大約有三百公尺。現在我氣味追蹤的基本架構是歷時時間一小

訓練第幾天	第幾次追蹤	拖著薄餅走	足跡歷時時間	距離	雜項	第幾星期
1	1	V	-	30 公尺		第一星期
	2	V	-	30 公尺		
	3	0	5 分鐘	30 公尺	加入訊號	
2	4	0	5 分鐘	30 公尺	加入訊號	
	5	-	15 分鐘	30 公尺	使用訊號	
	6	-	30 分鐘	30 公尺	使用訊號	
3	7	-	45 分鐘	30 公尺	使用訊號	
	8	-	45 分鐘	50 公尺		第二星期
4	9	-	45 分鐘	100 公尺		
5	10	-	60 分鐘	50 公尺		第三星期
6	11	-	1 小時 30 分鐘	100 公尺		
	12	-	30 分鐘	30 公尺		
7	13	-	2 小時	50 公尺		第四星期
	14	-	2 小時 30 分鐘	100 公尺		
8	15	-	3 小時	100 公尺		
9	16	-	2 小時	250 公尺		第五星期
10	17	-	1 小時	300 公尺		
11	18	-	1 小時 30 分鐘	400 公尺		第六星期
	19	-	1 小時	450 公尺		
12	20	-	1 小時 30 分鐘	500 公尺		第七星期
13	21	-	3 小時	500 公尺		

這是氣味追蹤的進度建議表。請注意，此表適合體能佳的健康成犬，幼犬或已有一些問題的狗狗不應該做距離這麼長的追蹤。你和你的狗狗也可以有全然不同的進度表，由你決定怎麼玩自己的遊戲。

時和三百公尺的距離，可以享受追蹤很多不同足跡的樂趣。到後來，我會開始拉長歷時時間，也許長達兩至三小時，然後再延長足跡距離，依此類推，專注訓練不同的挑戰。

何時停止挑戰呢？呃，這個遊戲少了挑戰容易變得單調無趣，不過除了歷時時間和距離，還有其他的挑戰可做。

穿越步道和溪流的氣味追蹤

挑戰可能會有所不同，例如：舊足跡、長足跡、艱難地形、爬越圍籬等，有許多可能性。穿越不同的地表質地、另一條步道或溪流可能會是不錯的挑戰。發揮你的創意，就去試試吧！失敗了？沒關係！這個遊戲不計前嫌。

讓狗狗第一次穿越步道或溪流進行氣

狗狗真的需要集中注意力，才能在這種碎石子空地上找到氣味足跡。從狹窄小徑或小路開始練習。這裡看到的情境適合較有經驗的狗狗。

味追蹤時，牠可能會覺得不容易。新步道上有極多氣味，容易讓狗狗跟循，因此會讓牠非常想要脫離預設的足跡路線，追蹤新的氣味。此外，步道的視覺線條具有讓人想跟隨的邀請效果。請你的幫手在跨越這條步道時，以鞋子弄亂步道表面以及對側一、兩公尺的範圍，甚至可以在步道交會後五至六公尺處放一小塊零食，或許也綁條彩帶之類的東西標示前進的方向。

當追蹤遇到溪流、圍欄或其他類似挑戰時，可以遵循相同的計畫。

非直線的氣味足跡

我們人類容易相信彎來繞去的足跡很難追蹤，所以我們開始訓練狗狗氣味追蹤時，常會把所有足跡布置成筆直路線。這樣做了多次之後，狗狗就會知道和你一起氣味追蹤時，足跡都會是筆直的，所以並不需要太專心。由於有這種傾向，我的每一條足跡（從第一條起），永遠呈半弧形、J形（或魚鉤狀），然後再呈現L或U形。這樣我就可以防止狗狗在足跡起點嗅聞後，就輕易找到答案，然後就直接衝向前去，直到它們找到那個人或T恤與零食爲止。不久之後，我會在路線上多增加轉彎點及轉彎角度。一直變化足跡路線，日後就不會落入太多陷阱裡。最好玩的足跡是追蹤採集花朵或菇類的人，他們總是不斷改變方向，這裡停一下，那裡停一下，然後再往前走一點，他們極少會筆直地走很長距離。

如果你的狗狗移動速度很快，或原本遇到轉彎就有問題，在彎處標上一些彩帶對你會有好處。在你接近彎處時，彩帶可以警示你放慢速度。如果狗狗想往不對的方向走，抓好牽繩，溫柔堅定地讓狗狗放慢速度，不可猛拉扯牽繩。仔細看看彩帶，確保它的資訊清楚明白，你什麼話都不用說，別說「不可以」或其他話，只要等著。

如果你追蹤的足跡消失在門後？走失的人會在屋裡，或從後門離開了？又或者這條足跡是從這扇門開始？

你的狗狗將會自己開竅，只要牠繼續想往不對的方向走，你就站著不動。當牠一旦回到對的路線，讓牽繩從手中滑出，跟在牠身後走。如果找不到足跡，就取消這次練習，依這次最新獲得的經驗策畫新的練習，你可以接下來馬上做新的練習或另找時間。

在足跡路線上尋找物件

許多狗狗覺得，在追蹤路線上發現幫手「遺失」的物件令牠很興奮，這些物件可作為狗狗沿途追蹤的獎勵，飼主也可以用它們確認狗狗走在正確的路線上。第一次嘗試這麼做時，建議幫手挑選大型、有趣且色彩鮮豔的玩具，這些玩具在狗狗接近時很容易看到或聞到。如果狗狗在物件旁停下來或撿起玩具，你可以開個小小派對，用零食交換玩具，也許讓狗狗喝點水。把物件放在自己口袋或包包裡，給狗狗追蹤的口頭訊號再繼續氣味追蹤。如果狗狗對物件不屑一顧，不用擔心，只要把它撿起來，單純跟在牠身後。狗狗肯定聞到了那個物件，而且對你而言，你也確認了你們在正確路線上。要知道，狗狗看得到身後的事物，所以牠可能知道你把它撿起來了，這即是團隊合作。

在足跡路線上找到物件的好處是，如果狗狗看起來累了，你可以選擇在那個點結束追蹤。它是個停止追蹤的自然位置，停下來休息，在那個地點休息完再回家。也許你們在找到物件的地點停下來休息一會後，狗狗短暫休息後可能會想繼續追蹤。如果牠不想就回家去。

如果你沒辦法信任狗狗會完全循著足跡走，在足跡路線沿途放些物件可能是替代彩帶的有用方法。當狗狗找到物件，你絕對就是在正確的路線上。

與其他足跡交錯的足跡

交錯的足跡（crossing track）是因爲在你布置好足跡之後有人穿越過去，不同於我們先前討論過的穿越步道（crossing paths）。當你考量到狗狗使用感官的優先順序，你會很容易意識到，爲何狗狗會極想要跟循最新鮮的氣味足跡，把最舊的足跡拋在身後。牠很可能選擇跟隨交錯之後的上方足跡，但下方才是你眞正想要牠追蹤的足跡。

每當我訓練狗狗應付交錯足跡，我都會選擇一個平靜的開闊區域。我在這種情況會使用不同顏色的彩帶，我可能會選擇讓布置「真正」足跡的幫手使用紅彩帶，讓布置干擾足跡（交錯足跡）的幫手使用藍彩帶。我會請紅彩帶幫手布置八十至一百公尺長的足跡，在足跡開始後四十公尺處掛上紅彩帶和藍彩帶，標示出「藍彩帶」幫手應該交錯足跡的位置。你或另一人將以藍彩帶在另一個點標示出交錯足跡的起點。布置主要足跡的幫手在交錯點之後再繼續走六至十公尺，在此處留下一塊零食獎勵和某樣屬於幫手的小東西，並且以兩條紅彩帶標示。不同於這條足跡上的其他標示，一般使用單條紅色彩帶。

過了一下子，你的「藍彩帶」幫手就帶著藍彩帶出發去布置交錯足跡。她將輕易發現已有藍彩帶標示的起點，從此處她應該看得到藍彩帶和紅彩帶。他開始行走，掛上一些藍彩帶，並且確保自己踩在有藍和紅彩帶標示的位置。要記得，主要足跡開始後的六公尺處已有要給狗狗的小型大獎，足跡交錯的位置不能太接近此處。

現在你有了兩條清楚標示的足跡：一條要讓狗狗追蹤的紅標足跡（實線），另一條是狗狗應該忽略的藍標足跡（虛線）。一旦兩條足跡都布置好，狗狗和帶狗人就可以準備追蹤。他們應該依照慣常的方式開始追蹤。

當狗狗來到藍標足跡和紅標足跡交錯的位置時，牠很可能會往藍標足跡的兩邊方向都去查看一下，這是完全正常的，所以讓牠這麼做。確保你抓定牽繩，防止牠往錯誤的方向走得太遠，讓牠走四、五公尺已足夠，然後站好不動。一旦你的狗狗選擇追蹤正確的足跡（紅標足跡（實線））—，就稍微放鬆牽繩，跟著牠循著紅標足跡往下走，此時你將眞的看到使用彩帶的好處。在狗狗通過藍標足跡交錯點再繼續沿著紅標足跡，只要走幾公尺就會發現好吃的，作爲做出正確選擇的報酬。然後再走一小段距離就會發現足跡終點，這將更具獎勵效果。我這麼訓練的每隻狗狗，都在幾次練習之後學習到做正確的選擇，有時只嘗試

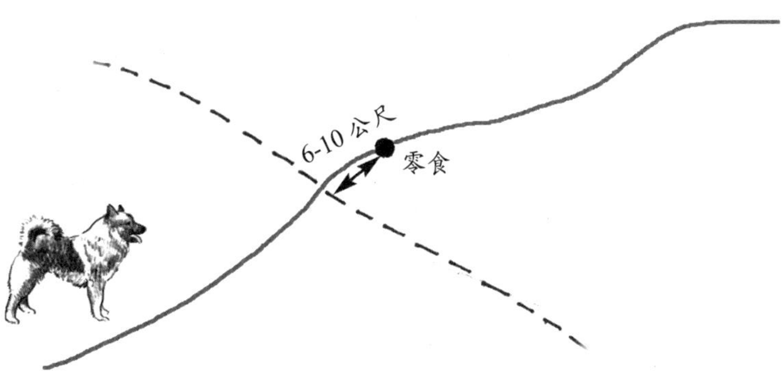

兩、三次就學起來了。

這裡的變化可以把足跡距離拉長，例如一百五十公尺，並且交錯兩至三條足跡，交錯的干擾足跡應該約三十公尺長，兩邊各自延伸十五公尺。通過每個交錯點後，往前約六至十公尺處放下一塊零食和一樣屬於幫手的東西，確保狗狗留在正確足跡上將會獲得報酬。謹記交錯點有雙色標示，零食點有雙條紅彩帶，這樣就不會有問題。多數狗狗很可能會徹底查看第一個交錯點，第二個交錯點稍微沒那麼用心，到了第三點甚至更不用心。只要你能夠爲狗狗準備適當的任務、適當的挑戰難度及適當的報酬，牠就會學得很快。

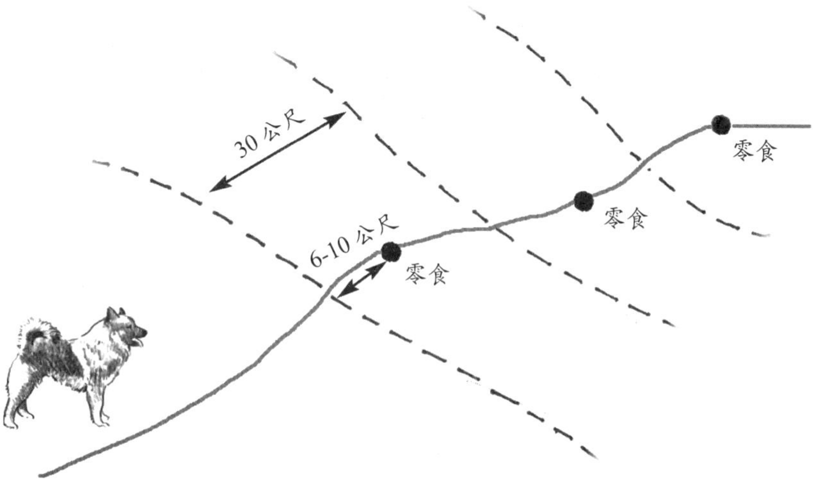

在你完成追蹤紅標足跡（實線）後，你也可以讓另一隻狗狗來嗅聞及追蹤交錯的足跡（藍標足跡（虛線））。若這麼做，你務必做好計畫才能有明確的足跡終點，使用一些屬於藍彩帶幫手的東西，當然也要有一些零食。

有人牽著狗狗橫越的足跡

另一種變化是有人牽著狗狗橫越你的足跡路線，這對一些狗狗來說是不錯的挑戰，尤其如果是熟識的狗狗。你也想像得到，狗狗和朋友的交情愈好，難度就愈高，你在這裡得公平。從容易的開始做，到了最後測試，可由牠最好的朋友穿越你的足跡路線。

如果你認識飼養馬、駱馬或其他動物的人，你可以試試讓牠們穿越足跡。祝你好運，我想你會覺得這種經驗很有意思。

足跡的起點在哪裡？

有時你真的不知道幫手布置的足跡起點在哪裡，只有非常大致的概念。你的狗狗也許能夠自己找到足跡，到目前爲止，我們一直都是引導狗狗直接到起點去。爲了教導狗狗自己去找起點，我一開始會讓牠從足跡的側面開始追蹤，也就是從一個角度開始。第一次只離足跡半公尺遠，然後離一公尺、兩公尺等等，直到你認爲距離夠遠了。一旦狗狗到達足跡路線，讓牠在你的陪同下去追蹤足跡。

工作訊號（氣味追蹤訊號）

我厭惡「命令／指令」一詞，我們有個非常好的替代詞「訊號」（the cue）。提示意味著邀請牠工作與合作，而非要求。

當你知道狗狗有能力，也願意做你希望牠做的事，就開始使用你所選擇的訊號。用於氣味追蹤訓練時，這意味著在沒有任何訊號之下，讓狗狗進行二至五次的氣味追蹤。一旦牠表現出相當理解這個遊戲，也完全能夠自主出發去追蹤，我就會讓牠在出發追蹤的當下，對牠說出「追蹤」二字，然後我再跟在牠後面。當然，你偏好使用其他字眼的話也可以，但若使用搜尋一詞則要小心，因爲它可能只能在某個特定遊戲裡使用。每個遊戲一定要有它自己獨特的名字。

更多的進階挑戰

如果你參加狗狗社團、專業團隊或只是一群朋友共同訓練，你就有絕佳機會獲得（並提供）有趣的挑戰。在你的圈子裡養成習慣，爲彼此提供出乎意料又具娛樂效果的任務，這麼做可以用來好好測試訓練技能（包括狗狗及帶狗者）。要幫某人慶生時，可以布置一條足跡，沿途放置的物件就是給狗狗和帶狗者的禮物，例如人犬都能吃的零食、錢或其他東西。狗狗能夠拾回金屬和紙類，或者通報找到此類物品嗎？

也可布置一條在半路足跡會歷時變化的追蹤。讓幫手帶著書、毛毯和保溫瓶出發，走了兩百至三百公尺後，請他坐下來看書，喝個茶，小睡一下，一、兩小時後再繼續走。接下來的足跡可能是一百公尺或更長，取決於狗狗的能力。這裡的重點是，看看狗狗對於兩段足跡的歷時差異有何反應，如果有任何反應的話。

另一種足跡則需要事先計畫好：讓幫手從設定點出發，然後來到另一個設定點，那裡有前一天就應該備妥的自行車。現在，幫手可以推著自行車走大約二十至五十公尺，然後騎自行車五十至一百公尺，然後他會在那裡等著被狗發現時大開派對。

前往相反／錯誤方向的足跡

這真的是個挑戰，或許對狗狗不然，但對人類是如此。請幫手布置一條始於森林或草原的足跡，然後穿越一條步道或馬路，再繼續在環境裡行進至少三十公尺。追蹤起點安排在幫手剛穿越步道或停車場的地方，這代表追蹤足跡時會先離開自然環境，進入並穿越馬路。此處的挑戰在於，多數人預期足跡會始於步道／停車場，再進入自然環境，而非反其道而行。因此，最好有位知道足跡路線的人在場看著帶狗的人，防止他誤導狗狗。我們需要學習信任我們的狗狗，尤其如果旁觀者看見帶狗的人想往錯誤方向走，而狗狗設法往正確方向去的時候。如果你希望的話，可以繼續延長這條足跡的距離，但重點是要獎勵這裡的訓練細節，也就是前往非預期方向的足跡。

己經學夠了嗎？

對於宣稱自己已經完成學習的人來說，他們的確有可能已經學得很完全，無論指的是烹飪或氣味追蹤訓練。在狗狗的餘生裡，請持續發明不同的挑戰，並且變化氣味追蹤的方式。如果你的狗狗年紀大了，身體變得僵硬、視力退化或有其他身體上的困難，你可以在平坦地形上幫牠布置較短的氣味足跡，在那裡你可以提供較容易的挑戰，例如變化地表材質、使用草地、碎石子地、柏油碎石地、不同植被組成、沙地等等。年紀大不是讓牠整天睡在沙發上的藉口。

如果你計畫參加比賽，你應該連絡舉行氣味追蹤評估測試的負責機構，取得資訊了解如何符合他們的要求及訓練。如果你在訓練時，把這些要求作爲你和狗狗的最低表現標準，測試時你們就能做得很好。如此一來，你就可以隨時爲可能遇到的任何錯誤或問題留有餘地。

黑暗中的失明「羅孚」（Rover）

在德國紹爾蘭（Sauerland）的工作坊上，我遇見這隻因被人倒酸劑在臉上而失明的狗狗。羅孚完全眼盲並且心理受創，把飼主當成「幫忙失明狗狗的導盲人」。牠心有疑慮、缺乏自信，在不認識的地方總是猶豫卻步。

我們為牠布置的第一條足跡大約八公尺長。我們指示幫手拖著腳走路，並且在足跡盡頭放了很多零食。牠在足跡起點嗅聞，但是對於往前踏入未知的黑暗擔心不已。牠不斷用鼻子轉圈，直到飼主協助並且鼓勵牠往前走。最後，牠終於抵達了目標，拿到牠努力之後理當獲得的獎勵——一大塊雞肉。牠極度疲累，雖然需要很多協助，但是很開心！

幾小時後，我們為牠布置好另一條類似的足跡，不過現在把距離縮短，每公尺都放了一點零食。也選了較好的地貌，不會有小樹枝或草莖刺到牠的臉，牠依然猶豫地移動，也需要媽咪的支持，但牠有顯著的進步。

羅孚摸索著，進行牠的第一次
氣味追蹤。

羅孚的第三次氣味追蹤，注意牽繩以及牠和飼主之間的距離。我們實際上看得到草裡的足跡路線，目標只有八至十公尺遠。

隔天我們再次布置了另一條短短的足跡，每隔大約一公尺就放有雞肉丁。這次是牠狗生中的第三次追蹤，牠在沒有協助之下設法緩慢但穩當地完成了，牠安全抵達盒子位置，盒內裝有給牠的獎勵。對羅孚來說，這是信任自己的開始，也開始能夠自己以四腳站穩，不需要依賴牽繩或以鼻口抵在飼主膝蓋後側獲得扶助。羅孚在黑暗中獲得更多快樂的方式現在已經很清楚了，當我日後再次遇見牠和牠的飼主，牠的行為有如一般狗狗，除非你仔細留意，否則幾乎不會注意到牠是失明的。牠後來參與了陪伴受創兒童的工作，依牠的過往，牠顯然很有資格執行這項任務。顯而易見的是，牠喜歡這項工作，而且牠自己會判斷工作是否該結束了，若是牠就會直接走開。

12

ID 追蹤

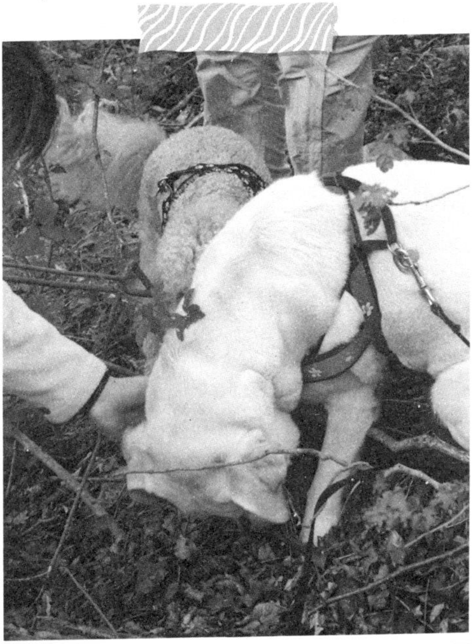

當你的狗狗能從多條現有的氣味足跡中，挑出某人足跡來追蹤，我們就稱之爲ＩＤ追蹤。對狗狗而言，不同個體留下的足跡聞起來完全不同，這是很自然的事。也許正如同我們看見人有不同長相一樣地理所當然。

因此，你的狗狗會很容易學會你想要牠去找誰。你可以讓牠聞聞手套，牠就會知道現在需要追蹤的人是你的這位朋友（手套的主人）。在你開始玩這個遊戲之前，建議你安排幾次氣味追蹤，確保你和狗狗知道氣味追蹤遊戲的基本要則。一旦你發現狗狗知道並喜歡這個遊戲，你就可以將這個遊戲作爲新的挑戰。

所需裝備

你需要一個胸背帶、零食以及一條追蹤牽繩（像是用於其他追蹤遊戲的牽繩）。此外，你的幫手需要攜帶可在足跡路線沿途留下的物件，像是手套、披肩、手帕或T恤等帶有幫手氣味的東西。你需要在起點放一個物件作爲嗅源，另一個放在終點（如同做傳統追蹤），你可能會想使用彩帶、粉筆或某個東西，來標示足跡的起點和氣味路線的分開點。

除了裝備以外，你還需要兩位幫手，這個遊戲不可能獨自玩。

這個遊戲需要兩位幫手，請兩人手臂挽著手臂，從起點走到分開點。起點處留一件外套作為識別物件，稱之為起始物件或「嗅源」。

準備工作

第一次嘗試ＩＤ追蹤時，請兩位幫手從同一個點開始走，他們應該互挽手臂或非常接近彼此。請你想要狗狗追蹤的幫手留下某樣東西（諸如他的披肩或手套），我們稱之爲起始物件或「嗅源」。另一位幫手不用在起點留下東西，然後兩人一起出發。你希望追蹤的幫手可沿著足跡路線拖著腳走，這會讓他比另一位幫手留下更明顯的足跡，狗狗也因此更容易追蹤。大約走十公尺後，兩位幫手就會分道揚鑣，走的路線猶如英文字母

利用可見的彩帶，可以事先布置好足跡，開始追蹤時就能輕易看出哪一條是正確路線。

Y。要被追蹤的幫手走弧形路線，從兩人分開處再走大約二十公尺，就用T恤和一些零食布置終點。然後他繼續繞弧形走回起點，或回到車上，或到一個狗狗聞不到他氣味的區域。另一位幫手也從分開處繼續走二十公尺，然後走弧線返回起點，他在足跡路線上沒有留下任何東西。兩個人返回時，都要小心各自的足跡完全不會交錯。

ID追蹤的步驟

第一步驟：狗狗的第一次嘗試

一旦兩位幫手依前述完成布置，也已離開區域，你就去把狗狗帶過來。起始物件已經放置在起點，用追蹤牽繩帶著狗狗到起點。用你的手把狗狗的注意力引向嗅源，確保狗狗確實去嗅聞它，在牠嗅聞當下說出「追蹤！」或玩氣味追蹤遊戲時選定的口頭訊號，你的狗狗已經學會「追蹤」二字的意思，應該會馬上開始嗅聞足跡。請注意，狗狗去嗅聞嗅源的動作可能非常迅速微妙。

倘使是最好的狀況，狗狗會選擇正確的足跡，並在分開處做了正確選擇。若是如此，從分開處再往前走大約二十公尺，牠便會發現應得的獎勵，在那裡開個小小派對。

如果狗狗選擇追蹤錯誤的足跡，另一個選項是讓牠跟著這條足跡回到起點。當這種情形發生，請確保布置「錯誤」足跡的幫手不在現場，避免狗狗找錯人卻獲得獎勵。一旦你帶狗狗回到起點，讓牠再次嗅聞嗅源，也再次告訴牠「追蹤！」，此時狗狗有可能

如果狗狗在分開處追蹤錯誤的足跡，你可以用手固定住牽繩長度，阻止牠前行，期待牠改變心意去追蹤正確的足跡，然後就能有個小小派對。如你所見，知道分開處的位置，對於知道何時該定住牽繩不讓狗狗前行非常有幫助。

媽咪，你準備好了嗎？接著由狗狗帶頭整個追蹤過程，循著那位遺失外套女士的腳步氣味，獎勵就是再去找她的其他所有物，以及很多的零食。

不想繼續玩，因爲牠才剛玩過！如果牠不想再次追蹤，你就休息一下。休息後很快布置一條新的足跡，或者改天再玩，不會有什麼不好的影響。

第一次追蹤就成功？太棒了，接下來可以馬上安排一個類似的練習。讓狗狗重複第一步驟兩、三次，並且稍做變化也沒有關係。要確保每次的正確選擇並不總是往左的足跡，狗狗學習模式的速度非常快。

第二步驟：準備三條足跡

現在你準備三條可供選擇的足跡路線，只有兩條足跡時，無論如何狗狗都有一半的機率會去追蹤正確的路線。現在有三條足跡，你就需要有三位幫手。只有一位在起點留下嗅源並且布置終點，其他兩位在分開點之後就繞弧線走掉，前往集合地點。

如同第一步驟的進行方式，你可多次重複第二步驟，永遠要變化正確足跡的位置，有時往左、往右或在正前方。此外，三位幫手也需要變換誰負責布置哪種足跡。再次提醒，請牢記狗狗擅長認出模式。

第三步驟：加入更多條足跡

加入更多供狗狗選擇的足跡，如果你的幫手人數不夠，除了這個幫手要在足跡上布置物件讓狗狗找到之外，其他幫手可以布置不只一條足跡。

進階挑戰

成功完成第三步驟之後，你和狗狗已經精通狗狗ＩＤ追蹤的基本要則，但是你們還沒有學完，這時才正要開始眞正的挑戰。

其中一項挑戰，是準備歷時時間各自不一的足跡。這裡的挑戰在於狗狗本能上可能會選擇最新鮮的足跡。要明白並且小心不要過早要求狗狗太多，以免破壞了一切。

另一個眞正的挑戰，是讓狗狗選擇追蹤陌生人的足跡，忽略朋友的足跡。狗狗對於牠認識並且喜歡的人會比較有追蹤的動機。

你想要狗狗忽略的足跡可由幫手帶著狗狗（或其他動物）來完成，而不單只是請幫手完成。多數狗狗偏好追蹤狗狗等動物甚於人類，因此這可能是相當大的挑戰。

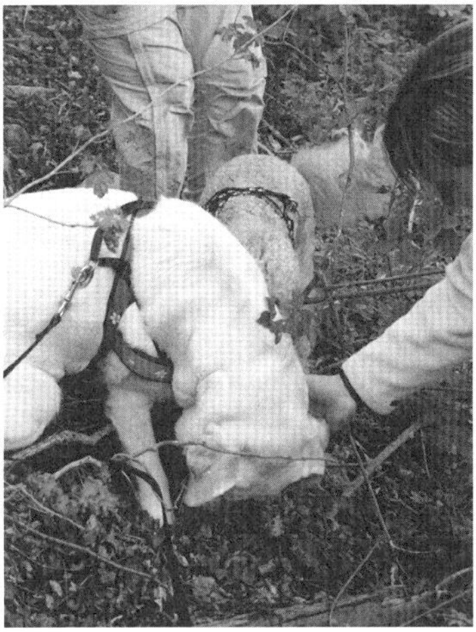

這隻個頭嬌小的狗狗學習尋找走失的犬隻。我們看著牠嗅聞那隻狗的胸背帶，然後在森林某處尋獲「走失」犬。這種情況下，應該讓搜尋的狗狗和被尋獲的狗狗都有零食吃。

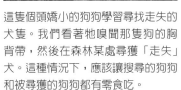

關於ＩＤ追蹤的補充祕訣

初期使用彩帶標示起點、分開點和正確足跡的方向可能非常有幫助。留意風向，你的狗狗不應該嗅聞到風以後，意外找到了零食。

你可以同時在幾條足跡上進行ＩＤ追蹤。請每位幫手布置個別足跡時，在終點擺放一個物件，並且提供嗅源。這些足跡通常會被布置成放射狀，這裡使用彩帶可能很有用處——以不同顏色標示不同足跡。當然，還要記得在嗅源上也綁上彩帶，以避免混淆。所有物件都要遠離起點，每次只在一條足跡上擺放一個嗅源；在狗狗出發嗅聞第一條足跡時，請幫手替換嗅源，待狗狗返回時，第二條足跡便已準備好了。也可以選擇讓不同狗狗一隻隻輪流上場追蹤不同條的足跡，但如果這麼做，帶狗的人全都不能參與布置足跡，以免造成太多混淆。

ＩＤ追蹤也可能是由動物留下足跡，例如狗狗、馬或羊。請朋友和他的狗狗留下足跡，並且留下狗狗的梳毛刷或毯子作爲嗅源。你可以讓不同飼主牽著自己的狗，從同一個點出發，留下足跡（如同第一步驟），然後更換每條足跡的嗅源。

在分開點之後的足跡單純就是一般的足跡，它可以繼續進階變化，變得更長或安排其他你覺得適合狗狗的挑戰。

追蹤走失的羊隻

有位學生的先生是羊農，她的機會來了，能向先生證明她家狗狗的價值。一些羊隻逃出圍欄，消失無蹤。我的學生帶著狗狗和追蹤牽繩到了那裡，讓狗狗嗅聞羊隻留下的一些羊毛，然後她說「追蹤！」，狗狗循著足跡到了圍欄

這不能算是羊隻追蹤，但是芬特和這隻羊有段長久而豐富的溝通。牧場上的牛也紛紛擠到圍欄前觀察這次會面。

外，經過供馬匹吃草的土地，穿越了一名男子的農場院子，他還生氣地踢了狗狗，足跡持續著，最後在一片小樹林裡找到所有羊隻。

13

氣味分辨：有人想找菇菇嗎？

你見過米格魯檢疫犬嗎？如果你曾至美國、澳洲、紐西蘭或許多其他國家旅行，你可能曾在機場看過牠們。動作飛快的小狗狗嗅聞行李，發現任何禁止入關的水果（多數是可食用的）就會向領犬員提報，有些檢疫犬經測驗後發現，牠們能識別七百至九百種不同氣味。

你可以訓練自家狗狗偵測麩質、大豆、食物中的微量花生、森林裡的菌菇，甚至機場裡的隱藏爆裂物。本章中，我將在大部分的範例中使用花生油。你可以照著步驟來做，但不要用花生油，而是替換成花草茶、雞油菌菇、爆裂物、毒品（narcotics）、紅蘿蔔、麩質或任何你有興趣的東西。你只需要取得你想教狗狗去找的東西的樣本，純麩質在超市和健康商店買得到，油類和茶在健康商店和藥局買得到；如果你選擇花草茶，確保你選

芬特學會了尋找雞油菌菇。

的茶不是混合茶，只含單種花草。你可能必須在雞油菌菇產季時自己去找。多數人通常拿不到爆裂物和毒品，除非與警方相關。然而，與這些東西相關的氣味分辨過程都是相同的。

一旦你決定好想要狗狗尋找什麼東西，你必須學習如何清理裝備的氣味，一般的洗潔劑可以清除多數氣味。

什麼是「氣味分辨」？

簡而言之，狗狗的氣味分辨能力是指在人類要求下，能夠分辨出特定氣味，而且聞到時會向人通報。例如，緝毒犬能夠辨識出特定毒品的氣味，即使現場同時存在蔬果雜貨、汗水、皮革、油類、汽油、煙草或任何東西的氣味。這個遊戲有很多不同名稱，特殊搜尋即基於此系統。

許多服從比賽中都有嗅聞測試項目，狗狗需要找到帶有飼主氣味的木頭並帶回來，這塊木頭會由賽方人員混雜在飼主從未接近過的其他類似木頭裡，對多數狗狗而言，這項目應該輕而易舉。

在南非共和國的邊境，他們訓練有素的狗可以辨識出許多東西，包括爆裂物、毒品、象牙及犀牛角的浸泡液。

狗狗可偵測出人類組織採樣裡或人體上的癌症細胞，牠們能在建築物裡找到黴菌和木腐眞菌（rot）。當新冠肺炎危機在二〇二〇年初席捲全球，許多國家的人開始訓練狗狗找出新冠病毒。這項訓練是基於過去訓練狗狗偵測其他特定病毒的經驗，一個以此項目著名的機構是英國的「醫療偵測犬」，它是訓練狗狗偵測疾病的非政府組織。

想想大自然裡的狼隻或野生犬類，你大概就能理解，能夠以嗅覺區分很多不同事物多麼有用處。舉例來說，區別野兔足跡和駝鹿足跡，對於規畫狩獵策略極其關鍵，這是氣味分辨極重要的運用情況。

選擇標記行爲

即使你的狗狗在森林裡找到雞油菌菇、在行李裡找到爆裂物，或在食物裡發現花生，除非牠有辦法向你溝通，否則幫助也不大。你的狗狗需要有一個方式，用來呈報或標記你請牠找的東西的存在，你才能了解牠找到了什麼，東西在哪裡。標記行爲取決於狗狗搜尋的東西，以及在哪種環境裡搜尋。它可以在搜尋訓練以外的其他時間進行訓練，或者你可以讓狗狗自主出現某個行爲，你再予以獎勵。這在訓練期間經常發生，到目前爲止，它也是建立紮實標記行爲最好玩、有趣的方式。

追捕逃犯的警犬以吠叫來標記發現；用

很多時候，把茶包或裝油容器放在台子、斜坡架或類似物件上頭會有幫助。這裡的即興發揮很棒。

於尋找走失人士的平民家犬，多數的標記方式是拾回特殊項圈上的一個特別標記；救難犬（例如在倒塌建築裡）比較可能會奮力抓地、吠叫及發出很多聲音；掃雷犬會在地雷前坐下或趴下不動；要找菇類的話，你可以選擇教狗狗在菇類旁邊站著不動吠叫，或者跑回來找你過去。

無論你選擇訓練哪種標記行爲，都要事先訓練這種行爲，讓狗狗能夠穩定、開心地自發出現吠叫、站著、趴下、急轉圈、拾回或任何你選擇的動作。標記行爲務必要完全以正向關聯及操作制約方法進行訓練，不可使用處罰或產生不快的方式。強迫式的拾回是無用的，我的經驗是，利用操作制約或塑形法訓練出來的行爲，是狗狗樂於選擇的行爲。我的建議可能是最容易的：只需要等待，看你的狗狗在訓練步驟當中自發出現什麼行爲。

瓦紮（Kwanza）因為錯誤訓練的標記行為而設法安定自己

牠是安哥拉的掃雷犬——瓦紮，以前牠找到微量爆裂物時，會以坐下標記牠的發現。但現在牠反而是這樣站著，出現一長串的安定訊號：打呵欠、看旁邊、姿勢定格不動、眨眼、抬起前腳，為什麼會這樣？

牠在安定自己，以及自身的負面聯想記憶，不過牠並沒有走開，為什麼呢？也許是因為牠知道，找到爆裂物可以獲得牠非常想要的獎勵，這種情形的解釋可能是：

牠沒有辦法坐下，因為坐下這個動作，原本是由人猛扯P字頸鏈同時擊打牠的臀部訓練而來，牠也可能受過電擊項圈的訓練，如同我們

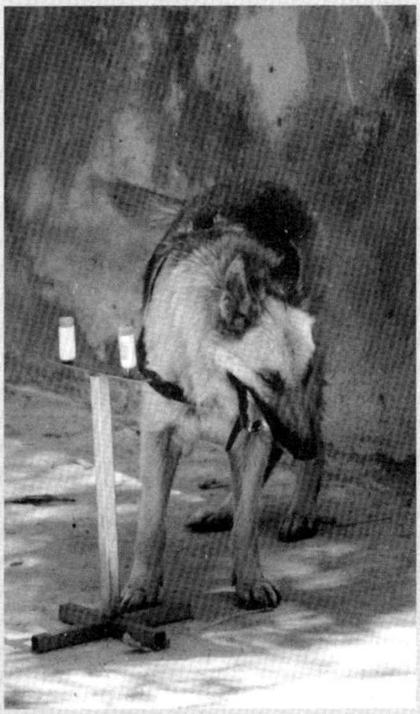

的許多南非受訓犬，在當時的南非，這種訓練程序很普遍。

當我把牠帶離工作，重新訓練坐下，完全只使用正面聯想，並且改變坐下的口頭訊號，牠又能夠順利工作了。我大約十個月之後就離開了，真的不知道牠維持了多久，問題可能會重現，但是現在領犬員知道如何應對了。

實際操作

你使用花生油時可能已經察覺到它的挑戰：它是液體，無法隨便放哪裡都可以。我使用乾淨的錫罐或果醬瓶，也可以使用塑膠杯。我在杯中倒入幾滴油，最好在杯底墊著棉墊，避免到處沾油。挑選窄口的罐子可避免狗狗舔到油。罐蓋上打洞也是不錯的點子。挑選尺寸及形狀相同的罐子，避免狗狗看著容器外形就能解開任務。在罐子上做記號，避免你自己混淆，或污染其他罐子中的花生油。使用相同顏色和形狀的貼紙，用筆做記號。注意到筆也有氣味，使用同一支筆在每個罐子的標籤上做記號。狗狗看得到標籤，也可能看得到上面的記號，所以要在每張標籤上都做記號。狗狗不可能閱讀，所以只要寫上不同字母即可。如果你認為你可能把花生油濺到任何一個不對的罐子，把它清理乾淨或拿去丟掉，再用乾淨的罐子來做。

關鍵詞是清潔和順序。

許多人使用花草茶包玩這個遊戲時都很成功，而獲得很多樂趣。這完全沒有問題，但要確保茶包只含一種草本植物，避免使用普遍受歡迎的混合花草茶包。把不同茶包各自儲存在密封容器裡。

一旦我們的工具準備齊全，我們就可以進行下一步。

開始訓練

氣味分辨是由幾個部分組成的遊戲：其一是搜尋動機，其二是標記行為，其三是確切知道要找的是什麼。許多時候，我們也需要建立特定的搜尋模式。

你的狗狗需要知道要找什麼、去哪裡找，以及如何向你溝通已找到了。請記得，牠必須希望與你共事，並且積極這麼做。

如果有必要，決定好標記行爲就開始訓練，不過我建議單純捕捉狗狗自主出現的標記行爲。

決定你要使用的「獎勵」，也就是讚美以及你與狗狗選擇的食物。要注意抓準時間點，永遠保持良好的情緒，並確保零食夠好吃。

爲了追蹤訓練進展，把要教的行爲分解成較小、較容易測量的行爲（或步驟），總是很有幫助。當狗狗有百分之八十的正確率（例如五次有四次正確），你即可進階到下一步驟。當牠五次裡只有兩次正確，你需要退回前一步驟。

氣味分辨訓練步驟解析

以下是氣味分辨訓練的不同步驟，以花生油爲例：

1. 將某個好東西與花生油聯想在一起。
2. 加入一個錯誤的氣味（negative smell）。
3. 加入兩個錯誤的氣味。
4. 若還沒有標記行爲就進行訓練。
5. 逐漸增加錯誤氣味的數目，直到達到所需的數目或搜尋距離。
6. 無目標氣味的搜尋（Negative runs），意謂讓狗狗在沒有花生油的情況下進行搜尋。這是爲了確認狗狗是否理解，唯一要尋找及通報的好東西是花生油，而且沒有東西可以找時也沒有關係。
7. 堅持不懈，逐漸增加持續進行搜尋的次數。
8. 概化/泛化，這代表要變化進行訓練的環境。設法模擬或前往狗狗完成訓練後將會進行搜尋工作的環境。
9. 爲這個遊戲取名，選擇一個口頭訊號，開始更常玩這個遊戲。
10. 請人幫忙，給你未知的挑戰。

第一步驟：聯想

這裡的目標是讓狗狗在聞到花生油時建立正面的聯想。

把裝油的容器拿給狗狗，牠去嗅聞的當下就獎勵牠。漸漸地把容器放在離狗狗愈來愈遠的地方，讓牠需要移動起來，主動去找容器嗅聞。這將測試你是否已準備好進行下一步驟：一旦狗狗熱切地想要接近油，聯想就會產生，找到油會讓牠開心。目前的進展很好！

重複這個步驟，直到狗狗爲了獲得獎勵會開心、自願地前來嗅聞油。要留意何時需要休息：每回重複一至三次（最多五次）。

第二步驟：錯誤的氣味

這裡的目標是教狗狗，花生油是唯一重要的東西，其他都忽略。

準備花生油和另一個（相同的、標示好的）裝有葵花油或任何其他油的容器。確保提供給你的狗狗時，花生油離狗狗的距離較近，如果狗狗嗅到正確的油，就給予獎勵，但如果嗅到錯誤的油，則不予理會。要克制住自己：對於錯誤行爲不用說「不對／不可以」或說任何話。如果狗狗不想離開錯誤的油，你可能需要由幫手來拿著裝油容器，也許把錯誤的油藏在她身後。一旦狗狗注意到正確的油，就予以獎勵。如果狗狗直接走向正確的油，沒有注意另一種油，馬上予以獎勵，不可以等到牠過去嗅聞錯誤的油。

重複此步驟，直到狗狗自信地接近花生油（或出現其他標記行爲），並且忽略葵花油。

請謹記，你並不眞的知道狗狗在離容器多遠的地方可以聞到油或茶的氣味。確保每回最多練習三次。

第三步驟：加入兩個錯誤的氣味

這裡的目標是增加狗狗選出正確油類的自信。

狗狗的任務是從三個容器中挑出對的油，其一裝有花生油，另外兩個裝有兩種不同的錯誤氣味（油類或茶）。一如往常，忽略狗狗對錯誤油類的任何興趣，並獎勵狗狗對正確油類的任何關注。

每次練習永遠都要互換容器的位置，狗狗比你認爲的還聰明。

重複此步驟，直到狗狗輕易忽略兩種錯誤油類，並選擇花生油爲止。如果牠做不到，回到第二步驟。如果牠很難挑出花生油，就先單獨使用花生油（如同第一步驟）一至三次，再試試加入一或兩個未裝油的容器。

這隻狗狗即將學習茶、香草和香料的氣味。我們此時在台灣，學生們摺了漂亮的小紙盒。當狗狗第一次嗅聞茶包，把握完美時機予以稱讚是不可或缺的。

在這裡，我們看到狗狗察覺自己走向錯誤的茶包，於是離開往正確茶包走去。請立即稱讚牠，並且利用零食讓牠離開這個情況，以免牠有機會犯錯。

第四步驟：標記行為

這裡的目標是教導狗狗通報或標記牠的發現。

理想情況下，花生油的氣味應該使狗狗出現標記行爲。

如果你想要狗狗出現某個特定的標記行爲（像是趴下、吠叫或任何你喜歡的行爲），請依循以下建議。

如果你比較想和狗狗一起創造出標記行爲，請省略此步驟，跳到第五步驟。許多人和狗狗都發現，讓狗狗自主出現自己的標記行爲，比訓練出某個特定標記行爲來得好玩多了。

無論如何，以下是訓練特定標記行爲的方法。要記得：把這個行爲運用於氣味分辨之前，它必須已經完成訓練和概化，而且狗狗必須樂於出現這個行爲。

把花生油拿給狗狗，當牠一嗅聞就給予特定標記行爲的口頭訊號，例如「吠叫！」，即使牠沒有吠叫也要予以獎勵，要知道牠現在的腦子很忙。請不要落入服從的陷阱裡，重複說口頭訊號，如果你這麼做，就等於是把搜尋練習轉變爲服從練習，這將適得其反。相信我：你的狗狗在重複練習三至五次之後就會明白了，至少牠會設法回應你的口頭訊號，要有完美的反應還需要多點時間。

要出現正確標記行爲的捷徑是，在開始嗅聞訓練之前先以這個行爲暖身。由於狗狗對此行爲的熱情記憶猶新，因此牠很容易出現這個行爲來取悅你，讓你拿出更多零食。

把油給狗狗，當牠去嗅聞時，逐漸等久一點時間再給予口頭訊號。一開始，延遲半秒再給予吠叫的口頭訊號。狗狗沒有吠叫？無論如何，第一次這麼做時就立即給口頭訊號，不要猶豫！如果什麼都沒有發生，狗狗很快就會專注於其他事物上。接下來幾次練習，持續延遲愈來愈久的時間再給予口頭訊號，直到狗狗一聞到花生油就會自發出現吠叫、急轉圈或做任何你選定的行爲。

重複練習，直到狗狗一嗅聞花生油就會自發出現選定行爲。記得：每回練習很短時間，重複一至三次就休息。

第五步驟：甚至加入更多的錯誤氣味

這裡的目標是讓狗狗搜尋六個容器，並找出正確的油。

如同第三步驟，慢慢不斷地增加可供選擇的容器數量。許多專業的氣味分辨訓練系統使用六至八個氣味站讓狗狗嗅聞。容器可以排成一列、散置、一圈，由你判斷怎麼做最適合你和你的狗狗。如果你搜尋與此相關的資訊，你會看到人們使用類似圓盤的東西、特殊架子和容器等等。

重複此步驟，直到狗狗能夠從六個（或八個，隨你意願）容器裡開心且輕易地挑出正確容器。

第六步驟：無目標氣味的搜尋

這裡的目標是，讓狗狗搜尋一個沒有花生油的區域。牠不應該出現錯誤的標記行為，而是應該向你表現某個意謂「找完了，沒有發現」的行為。

一開始，只把一或兩個裝有一些錯誤油類（或茶）的容器呈給狗狗。當牠離開最後一個容器時獎勵牠，這裡要抓準時機點！慢慢增加容器的數量，直到達到你想要的六或八個容器，全都裝著錯誤油類（或茶）。狗狗想要標註錯誤容器時，不需去管牠，然而你可能需要減少容器數量，幫狗狗降低難度。在此階段，獎勵的時間點極爲關鍵：只在狗狗離開這些容器的當下予以稱讚。

隨著時間的推移，你可以逐漸延遲給予稱讚的時間，直到狗狗在沒有花生油時會馬上回到你身邊。在一、兩次無目標氣味的搜尋之後，你需要提供多次有目標氣味的搜尋。

重複此步驟，直到沒有出現任何錯誤的標記行爲。

這隻狗狗已經學會搜尋襪子，牠只會挑出飼主的襪子，這也是氣味分辨。多數狗狗單純喜歡區分不同人的所有物。

短時間的練習是最好的：當狗狗變得疲累而且壓力提升時，犯錯的機率也會增加。牠可能不再覺得好玩，所以動機可能會下降。

第七步驟：堅持不懈

這裡的目標是建立某種程度的毅力，我稱爲堅持不懈。

你和狗狗需要一起體驗搜尋多久時間就應該休息，不要要求過高，慢慢地增加練習時間。觀察你的狗狗，看牠是否出現疲累或不太開心的徵兆，或壓力是否上升。學會看出這類情形，確保在狗狗非常疲累之前就結束搜尋。此外，確保練習時不會一直拉長時間，偶爾穿插一些比狗狗最佳表現還容易、並且時間短的遊戲，不可一直提高難度。狗狗各不相同，有些覺得玩這個遊戲超過一分鐘就不好玩了，有些則可能喜歡玩久一點。尊重你家愛犬的個別極限及偏好。

第八步驟：概化/泛化

這裡的目標是，讓狗狗能夠在各種場所或情況搜尋。

你的訓練可能是在一個安靜、沒有任何干擾的地方開始的。現在該是計畫培養狗狗能力的時候，讓牠能在有人們和聲響的其他地方玩這個遊戲。設想現實生活裡，你的食物裡有花生油，這意謂狗狗需要隨同你進入餐廳和超市，至少先從這些地方開始。逐步地讓狗狗適應這類環境，也許你可以與酒吧或商店老板商量，安排在他們的店裡進行訓練？或者你可以有一個模擬的環境。

在與你和你的狗狗所處的各種

隨意拿任一斜坡架或器材，可以創意應用來放茶包。請注意，木頭有很多孔隙，容易被氣味污染。

環境中，完成所有訓練步驟。當狗狗能在這些選定的環境裡開心地好好表現，你的訓練就完成了，恭喜！

第九步驟：工作訊號

這裡的目標是，讓狗狗學習在你給予訊號後開始工作。

或許你之前教過口頭訊號，但是在你確認狗狗會依你希望的方式玩此遊戲之前，避免加入口頭訊號。我決定是否可加入口頭訊號的小測驗是，觀察狗狗是否能夠連續三次都有令人滿意的表現，然後我在第四次加入口頭訊號。我不希望第一次給予口頭訊號時，狗狗完全沒有反應。每一次你說「來！」但狗狗沒有來時，這個口頭訊號的價值就會下降，甚至受到毒害❶。因此，我喜歡精確又注重細節地進行這個步驟。剛開始教導口頭訊號時，請在熟悉的環境裡做，如前述方式，和狗狗一路進行至第八步驟：前一至三次不使用口頭訊號，接下來幾次再使用口頭訊號；當訊號可引發反應時，開始變化環境。重複練習此步驟，直到你無論何時給予口頭訊號，狗狗都會出現反應。

祝你好運，留意要有休息時間。

第十步驟：未知的挑戰

這裡的目標是讓你學習信任你的狗狗。

在此階段，你需要一位或多位幫手爲你準備未知的任務。至今爲止，你可能已注意到，你們的問題在於你永遠知道正確的答案，但現實裡你永遠不會知道答案，這也是一開始爲此訓練狗狗的原因。初期你可能需要有幫手協助你，率先開始稱讚狗狗或給你確認無誤的訊號，但是你很快就應該冒個險，自己引領搜尋。困難之處在於，你之前可能已經建立了一些讓狗狗知道答案的方式，例如不自覺地放慢速度、拉長吸氣、撥弄牽繩或眨眼❶；我們擅於做這些事情，但完全沒有意識到自己這麼做。

重複此步驟，直到你的幫手確認你已學會信任你的狗狗。

❶ 有不好的意味。

如何進一步獲得無止盡的搜尋樂趣

現在你已完成這個漫長的學習過程，你需要知道這只不過是整件事的起點。食物中的花生和花生油有各種不同的形態和濃度，你們需要進行進一步的訓練，使用含花生油和不含花生油的食物，讓狗狗練習所有相同步驟。因此，有一天你會拿含有花生和不含花生的糕點來玩遊戲。另一天，則用以花生油和其他油類油炸的食物，或者烤盤上塗抹不同油類再以相同方式烘烤的食物。以油可能出現於食物的各種不同形式來練習：水煮、油炸、冷卻、冷凍、新鮮、不新鮮等等。也要牢記：油炸或烘烤的肉或魚可能讓狗狗難以抗拒，如果你想讓牠離開搜尋的東西，不會把它吃下肚，你的獎勵必須要有同等價值，或者最好有更高的價值。

不用說，你永遠都不許因狗狗有任何錯誤而對牠開罵或處罰牠，狗狗只會在你準備不夠完善時犯錯。

此外，你永遠不會眞正知道狗狗的標記行爲是否沒錯，不是嗎？

最後的一些建議

最常見的陷阱是在狗狗嗅聞錯誤油類時予以關注，任何關注（無論好壞）都可能被狗狗解讀成一種強化、一種獎勵，結果可能是教會牠出現錯誤的標記行為。你可能會不經意地給予關注的行為，包括：拉扯牽繩、說「不對！」、笑或嘆氣。與其對任何錯誤的行為給予負面反應，不如試著減少狗狗可能犯錯的機會。舉例來說，如果狗狗去關注錯誤油類，請幫手移除這個油類的容器，讓牠沒有機會犯錯。

14

拾回簡要指南：任何狗狗都能學會拾回

但是拾回有其必要嗎？如果你的狗狗非常不喜歡拾回，值得花費那麼多心力訓練嗎？

即使我提供的是完全令狗狗歡愉的訓練方法，但我強烈建議你在開始訓練之前，考量一下讓你的狗狗學會拾回對你來說有多重要。很多時候，玩遊戲時以食物代替玩具，或者選擇拾回以外的標記行爲，可能一樣好玩、方便。

當你想教狗狗把東西咬在嘴裡（本書中許多搜尋遊戲使用這行爲），非常重要的是，避免使用任何涵蓋一丁點疼痛、暴力或任何帶給狗狗不快經驗的方法或技巧，即使你認爲程度輕微。

你的狗狗必須學習到，和你一起玩是愉悅、有趣，而且是牠自願的。

在拾回訓練期間，就像任何其他類型的訓練一樣，即使狗狗做了你認爲不對的事，也絕對不能說「不對！」，這一點非常重要。你永遠無法知道狗狗會把你表現的攻擊性連結到什麼，因此這可能會導致完全錯誤的結果。

牠可能會認爲，因爲牠咬了那個物件或接近它你才會生氣，結果牠可能變得害怕拾回，或害怕在地上的物件。如果你眞的運氣不佳，你表現的怒氣或威脅可能直接導致狗狗變得害怕你。訓練時，營造安全、平靜又友善的氣氛會好得多。

請明白，你的狗狗不想嘴裡咬著東西可能有身體上的因素，牠可能有顆壞牙、牙周病之類的狀況，或者是脖子痛或其他問題。好好觀察狗狗。有些太聰明的人會運用處罰或怒氣來教狗狗不要去碰東西，結果牠現在害怕碰任何東西。在你開始訓練拾回之前，請務必先去除任何身體上的問題。

拾回的訓練步驟

第一步驟：找到適合用於訓練的物件

如果你運氣好，家裡內外應該有狗狗自己會去咬的東西。無論它是什麼（可接受的或不該咬的），只要是安全的東西，它可能會是拾回訓練的最佳起點。拿起這個東西，放在狗狗面前。確保自己沒有死盯著狗狗看、把身體傾向狗狗，或做出任何使牠壓抑行爲的事。狗狗一咬物件就稱讚牠，用零食與牠交換玩具。如果狗狗不想用牙齒碰那個物件，試試把它放在地上，自己遠離狗狗和物件一點，每當牠去咬物件就稱讚並給予零食。提醒你，零食必須足夠美味或/和大塊，狗狗才會開心地放開物件去吃零食。

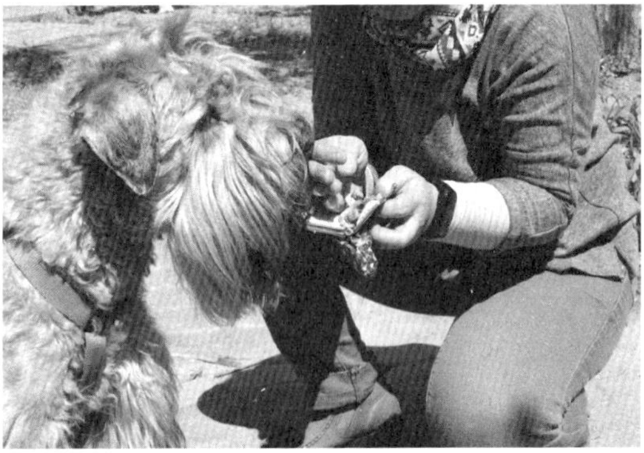

這位飼主使用一個小袋子盛裝零食，一旦奧斯卡拿起物件交給她，她很容易就能打開袋子。鉛筆盒甚至是舊襪子也可以作相同用途。

你可以考慮把另一隻手伸出來，讓物件掉在你的手上而非地板上，但是如果狗狗把物件咬在嘴裡，要意識到不要去拿或碰它。有些狗狗可能會害怕你企圖偷走它，然後就成爲競爭的狀況，狗狗可能會堅持自己留著物件而不是放開它。

一旦你的狗狗能夠輕易去咬物件，並且以它交換零食，此時就是增加距離的時機。把物件放在地上，讓狗狗必須走幾步才能來到物件處，然後咬著它走幾步回到你身邊。很棒！給予稱讚再以零食交換物件，永遠要確保訓練進展不會太快或太慢。如果你的狗開始把玩、啃咬物件，這可能因爲牠感到有點壓力。現在好好休息再重新開始，回到最初。冷靜地把物件放在地上，要小心在狗狗還沒對它啃咬或把玩時，就以零食與牠交換物件，然後再一次，緩慢地把物件放遠一點。永遠要確保每一回練習沒有玩得太久或進展過快（或過慢）。

第二步驟：教導狗狗把物件拿回來給你

當狗狗在返回你身邊的途中吐掉物件，要意識到自己的姿勢：採取蹲姿，不要彎腰；以側身對著牠，不要面對面；注視狗狗旁邊，不要直視牠的雙眼；確保自己的聲音聽來友善等等。如果狗狗覺得你設法表現強勢的地位，牠會容易在返回找你的途中放掉物件。遊戲的這個部分（把物件交給你），關鍵是信任和自信。上述的建議同樣也可用於當狗狗咬著物件卻不接近你的情形，牠害怕你會把它拿走。因此你必須使用許多安定訊號，讓牠知道牠可以信任你。

如果你持續訓練的時間太長，狗狗可能會覺得受夠了，甚至可能變得太過緊迫或興奮而犯錯。如果你太快把物件放得太遠，牠可能會太興奮而啃咬或把玩物件，而非拿回來給你。在某個時間點你也可以把玩那個物件，但是會是在狗狗把它交給你之後。

戴米（Demi）仍然不想把玩具交給喬伊絲（Joyce），但牠喜歡在她身旁玩玩具。注意到，喬伊絲的手保持不動，與牠保持距離。

第三步驟：找到讓狗狗拾回的動機

你找不到狗狗願意咬住的東西？用食物如何?!

在舊襪子裡裝滿一些美味的雞肉塊或類似的食物，打個結固定住，或至少確保不會有東西掉出來。這是讓狗狗開始拾回的超棒誘餌，把襪子放在地上，離狗狗很近。當牠的牙齒一碰到襪子，就稱讚牠並打開襪子，給牠襪子裡的東西。記得要從襪中拿出零食，不是從你的口袋。你需要動作迅速，待在離狗狗很近的地方，你才能夠在狗狗以自己的方式打開襪子之前把它打開。

早早練習能成就拾回大師！小小的莉亞正拾回一隻從貓咪處偷來的玩具老鼠。幼犬會拾回各式各樣的東西，把寶物帶回自己的床（安全的地方）。把自己的寶物拿來給你，會讓牠覺得來到安全的地方嗎？

奇利（Chili）咬著一個金屬小桶，牠甚至學會了咬住把手中央，才不會讓裡面的東西掉出來。

如果你的狗狗不回到你身邊，無論你嘗試什麼方法，都不要拉扯牽繩強迫牠。嘗試溫柔地接近牠，用柔和的語氣呼喚牠。在此過程中，可能會有一隻或三隻襪子被摧毀，無論如何這都不是狗狗的錯，而是你的錯，因爲你動作太慢，沒有及時打開襪子讓牠拿到零食。

重複幾次後休息。結束練習的時機寧可太早也不可太晚。

逐漸開始用你的手給零食，而非從襪子裡給，或者除了從襪子給以外再加上用手給。永遠要確保你給的零食不但夠美味也很大塊，足以匹配襪子的價值。要知道，狗狗相當擅長做這類評比。

第三步驟：減少誘餌

訓練一會兒之後，測試看看狗狗是否也會撿起沒放食物的襪子。一開始先使用同一隻襪子（因爲它還有食物氣味），如果狗狗把它撿起來，稱讚牠，和牠共享開心的心情。也許牠不撿？好的，把襪子再次填入高檔零食，像之前一樣繼續練習。逐漸減少襪子內的食物量，在此同時，在狗狗交換襪子之後，總是可以從你這裡獲得很多零食。這麼做就可以讓狗狗知道，撿起空無一物的襪子也有非常好的目的。

當狗狗能夠穩定拾回沒放食物但食物氣味濃重的襪子，讓牠試試沒有零食氣味的襪子，當這也成功時，再去試試別的東西。

第四步驟：增加其他拾回的物件

希望你可能很快就達到的階段是，能夠留下狗狗唯一願意拾回的物件（襪子或另一個狗狗多多少少能夠接受的物件），也能夠留下其他類型的物件。

暖身時讓狗狗拾回襪子幾次，然後你突然丟出某個東西或讓它掉下去，這個物件應該是你認爲狗狗會喜歡啃咬以及咬在嘴裡的東西。有些狗狗喜歡絨布玩具，有些偏好皮革製成的東西。對一些狗狗來說，橡膠玩具或木條可能很棒，只要不會對牠造成傷害，你可以嘗試任何東西。隨著時間過去，你可看看是否能讓狗狗撿起各式各樣的東西：桶子、掃把柄、橡膠玩具、可以拿來甩動或會嘎嘎作響的玩具。發揮你的想像力，並且觀察狗狗偏好什麼，你玩這個遊戲時將有超多樂趣。提醒你，不僅是你，這對狗狗來說應該也要是樂趣。有些狗狗厭惡會嘎嘎作響的東西，如果是這樣的話，你當然就永遠不要用這些東西。

以塑形法的方式教導拾回

第三個教狗狗拾回的機會，是依照〈找到媽咪的鑰匙〉（第八章）所述的步驟訓練。這是一種依據塑形法的方法，按照一開始的步驟來做，但與其滿足於狗狗用鼻子或前腳或其他部位碰觸物件，而是繼續塑形至狗狗去咬物件爲止。這些步驟摘要如下：

1. 狗狗注視物件
2. 狗狗嗅聞它
3. 狗狗走一步去嗅聞它
4. 狗狗舔它

5. 狗狗輕咬它
6. 狗狗把它咬在嘴裡半秒
7. 狗狗把它咬在嘴裡一秒
8. 其他

從這裡開始，你只需要在狗狗咬起物件之後讓牠愈咬愈久，然後自願把它放在你手裡。無論你選擇用哪個方法開始訓練，都要繼續來到下一步驟。

第五步驟：丟出物件讓狗狗拾回

唯有在狗狗能夠咬著物件走幾步路時，你才可試試丟出物件，在此之前你一直是把它放在地上的。

當你丟出物件，這對許多狗狗都太過刺激，造成太大的壓力。此時狗狗會出現較多跑來跑去、啃咬及破壞東西的行爲，而沒有眞正在訓練。但對一些狗狗來說，把物件丟出去可能正是讓訓練變得有趣的必要之舉。你需要和自己的狗狗一起試試，看看怎麼做最適合。如果你的狗狗容易亢奮，在初期階段丟出物件可能適得其反，不過對於較不愛動的狗狗，這麼做可能是唯一能讓行爲出現的做法。

到目前爲止，訓練的目標一直是讓狗狗站在你面前，把東西交到你手上；如果你或你的狗狗希望有其他交予物件的方式，現在就是開始訓練的時機。如果你想參加比賽等等，現在也需要進行細部訓練。

如果你的狗狗偏好把物件丟在你面前的地上，不要感到挫折。爲何不能這麼做？我家已過世的超棒芬特就是這麼訓練我的，十四年來，我們就這麼玩所有遊戲。永遠不要害怕讓狗狗影響你進行任何遊戲的方式，畢竟我們玩遊戲是爲了一起享受樂趣，不是爲了積點計分。

以上非常簡短地介紹拾回，也就是讓狗狗撿起東西再拿來給你的行爲。如果你想要將這個訓練更進一步專業化，去找個不錯的工作坊上課，或者閱讀一些文章再多學一點，也可以看看本書最後附上的推薦書目。

我的願望是，你和你的狗狗依照本書所述進行訓練，獲得極多樂趣，並且共度很多美好時光。更重要的是：繼續在狗狗的餘生玩這些遊戲。狗狗需要也應該每天玩有意義的遊戲，利用牠們的天賦和技巧來嗅出一些東西是最棒的。追逐在空中飛來飛去的物件，可能並不是每隻狗狗天生就適合做的事。

再會，謝謝搜尋帶來的所有樂趣！

我撰寫此書的目的是盡一份心力，讓更多的狗狗和飼主享受玩這些遊戲及練習時合作無間帶來的愉悅。當狗狗被允許使用自然天賦嗅聞出零食、泰迪熊或其他東西，許多狗狗的生活變得更加豐富，因此過得更爲滿足和諧。也許你也和許多國家的飼主一樣，驚訝地發現愛犬在嗅聞遊戲裡的表現極爲聰明。一位學員看到自家狗狗的優異表現時目瞪口呆，重生敬意，說了類似這樣的話：「你有能力做到這些事，而我只是用牽繩牽著你，餵了你一輩子的飼料而已！」是的，這隻狗狗的生活品質和食物從那天起就有了改變。

根據你自己的喜好，您可以選擇需要做大量或少量事前準備的遊戲。有些人喜歡室內遊戲，或適合在院子或公園進行的遊戲，有些人則極度喜愛在晚間和週末帶著狗狗去大自然裡玩遊戲。

即使是可能需要大量運動的大型犬，只要你每天帶牠散步，每天在家中或公園進行適當的搜尋遊戲和解謎任務，有一、兩個狗狗朋友互動，偶爾也有機會自由跑跑（最好是和另一隻狗狗一起），牠也能夠在公寓裡生活得很好。

撰寫本書結語的同時，我在想還有很多東西是我應該補充的。面對活生生的個體時總是如此：我們永遠不可能學完，永遠會有更多需要學習、找出答案或傳授的東西。兩隻同性別、同年紀的羅威納犬可能相似也可能不同，就有如兩位同性別、同年紀的人類。因此訓練兩隻狗狗時，我們不能完全依照相同的步驟方法來做。對你以前的狗狗極有效的方法，可能對於新養的狗狗毫無用處。同樣地，適合你和你家狗狗的方法，可能無法符合我或其他人想嘗試用來訓練牠的方法。

請拿我的訓練方法用用看，歡迎你盡情測試，找出你自己的方法。把這些方法改良成你的，好比我們會調整蛋糕食譜一樣。只要你依據成功狀況，穩當、緩慢地進展訓練，使用很美味的零食當作獎勵，也確保不會有傷害狗狗或令牠害怕的事，那麼幾乎不會出現任何問題。

我心中的願望是，各位（本書讀者）能夠利用書中發現的內容，讓自己和狗狗都獲得愉悅和好處。

最後，我邀請各位加入「全世界計畫」（World Wide Project），貢獻一份心力來讓每隻狗狗的每一天都獲得運用嗅覺的機會，爲狗狗自己（以及可能其他人）帶來快樂。允許狗狗去做天生本能就該做的事，會使我們的人生更爲豐富，對狗狗來說也同樣豐富牠的狗生。

祝福你和你的四腳朋友在通往感官王國的路上有個美好非凡的旅程！

引用文獻及推薦閱讀

Fukuzawa, M. and Watanabe, M. (2017) Relevance of Visual, Auditory, and Olfactory Cues in Pet Dog Awareness of Humans. *Open Journal of Animal Sciences*, 7, 297-304. https://doi.org/10.4236/ojas.2017.73023

Gruber, Karl. Dogs Sense Earth's Magnetic Field, https://blog.nationalgeographic.org/2014/01/03/dogs-sense-earths-magnetic-field/

Kaldenbach, Jan. *K9 Scent Detection*. Detselig Enterprises, 1998

Morell, Virginia. New sense discovered in dog noses: the ability to detect heat.

Pasley, James. Sniffer dogs are being trained to recognise the coronavirus in the UK.

Pryor, Karen. *Don't Shoot the Dog 3rd edition*. Simon and Schuster, 2019
（中文版：凱倫・布萊爾，《別斃了那隻狗：動物訓練必殺技》〔經典暢銷改版〕，商周出版，2023）

Pryor, Karen. *Lads Before the Wind*. Sunshine Books, 1994

Rauth-Widmann, Brigitte. *Your Dog's Senses*. Cadmos GmbH, 2005

Rugaas, Turid. *On Talking Terms with Dogs: Calming Signals 2nd edition*. Dogwise Publishing, 2006
（中文版：吐蕊・魯格斯，《狗狗在跟你說話！2：如何看懂毛小孩肢體語言》，貓頭鷹出版，2016）

Standard Operating Procedures Manual for Mechem Explosive & Drug Detection System Vol I & Vol II. Mechem International Ltd., West Sussex, England

眾生系列　JP0228

和狗狗一起玩嗅聞！：善用狗狗的神奇嗅覺，打開人犬相處的全新宇宙！
A Dog's Fabulous Sense of Smell: Step by Step Treat Search Tracking

作者　安娜莉・克梵（Anne Lill Kvam）
譯者　黃薇菁（Vicki Huang）
責任編輯　劉昱伶
封面設計　周家瑤
內頁排版　歐陽碧智
業務　顏宏紋
印刷　韋懋實業有限公司

發行人　何飛鵬
事業群總經理　謝至平
總編輯　張嘉芳
出版　橡樹林文化
台北市南港區昆陽街 16 號 4 樓
電話：886-2-2500-0888 #2736　傳真：886-2-2500-1951
發行　英屬蓋曼群島商家庭傳媒股份有限公司城邦分公司
台北市南港區昆陽街 16 號 8 樓
客服專線：02-25007718；02-25007719
24 小時傳真專線：02-25001990；02-25001991
服務時間：週一至週五上午 09:30-12:00；下午 13:30-17:00
劃撥帳號：19863813　戶名：書虫股份有限公司
讀者服務信箱：service@readingclub.com.tw
城邦網址：http://www.cite.com.tw
香港發行所　城邦（香港）出版集團有限公司
香港九龍土瓜灣土瓜灣道 86 號順聯工業大廈 6 樓 A 室
電話：852-25086231　傳真：852-25789337
電子信箱：hkcite@biznetvigator.com
馬新發行所　城邦（馬新）出版集團
Cité（M）Sdn. Bhd.（458372U）
41, Jalan Radin Anum, Bandar Baru Seri Petaling,
57000 Kuala Lumpur, Malaysia.
電話：+6(03)-90563833　傳真：+6(03)-90576622
電子信箱：services@cite.my

一版一刷：2024 年 11 月
ISBN：978-626-7449-39-4（紙本書）
ISBN：978-626-7449-36-3（EPUB）
售價：450 元

城邦讀書花園
www.cite.com.tw

國家圖書館出版品預行編目（CIP）資料

和狗狗一起玩嗅聞！：善用狗狗的神奇嗅覺，打開人犬相處的全新宇宙！／安娜莉・克梵（Anne Lill Kvam）著；黃薇菁（Vicki Huang）譯. -- 一版. -- 臺北市：橡樹林文化出版：英屬蓋曼群島商家庭傳媒股份有限公司城邦分公司發行，2024.11
面；　公分. --（眾生；JP0228）
譯自：A dog's fabulous sense of smell : step by step treat search tracking.
ISBN 978-626-7449-39-4（平裝）

1.CST: 嗅覺　2.CST: 犬訓練　3.CST: 寵物飼養

437.354　113014640

填寫本書線上回函